中华环境保护基金会资助

云南省青少年 生物多样性科普读物

上册 了解生物多样性保护

云南省生态环境宣传教育中心 编

云南出版集团
云南科技出版社
·昆明·

图书在版编目（CIP）数据

云南省青少年生物多样性科普读物：上、下册 / 云南省生态环境宣传教育中心编 . -- 昆明：云南科技出版社，2023.5
ISBN 978-7-5587-4975-9

Ⅰ.①云… Ⅱ.①云… Ⅲ.①生物多样性－云南－青少年读物 Ⅳ.① Q16-49

中国国家版本馆 CIP 数据核字 (2023) 第 085204 号

云南省青少年生物多样性科普读物（上册）

YUNNAN SHENG QING-SHAONIAN SHENGWU DUOYANGXING KEPU DUWU（SHANG CE）

云南省生态环境宣传教育中心　编

出 版 人：温　翔
策　　划：温　翔　李　非
责任编辑：代荣恒　苏丽月　秦永红
封面设计：长策文化
责任校对：张舒园
责任印制：蒋丽芬

书　　号：ISBN 978-7-5587-4975-9
印　　刷：云南金伦云印实业股份有限公司
开　　本：787mm × 1092mm　1/16
印　　张：16
字　　数：280 千字
版　　次：2023 年 5 月第 1 版
印　　次：2023 年 5 月第 1 次印刷
定　　价：68.00 元（共 2 册）

出版发行：云南出版集团　云南科技出版社
地　　址：昆明市环城西路 609 号
电　　话：0871-64134521

云南省青少年生物多样性科普读物
（上册）

特别鸣谢

本书部分内容和图片获得了大量专家和热心人士的指导和支持，在此表示衷心感谢！

（排名不分先后）

何青颖　王荣兴　刘鲁明　税玉民　崔庆江　潘晓赋　华　蓉
赵　敏　杨湘云　周洪旭　黎思涵　赵　琛　杨力颖　崔峻博
王　军　白　晓　顾壹清　赵昌佑　陆建树　廖辰灿　李星辰
王丽兰　罗予晗　肖　君　沈维劼　白商羽　白清泉　潘　珉
吴　桐　方　磊　马志林　徐洲锋　季艳萍　李佳莹　杨　涛
王午阳　上官法智

广汽丰田汽车有限公司
中国科学院昆明动物研究所
中国科学院昆明植物研究所
中国林业科学研究院高原林业研究所
中共云南省委党校
云南轿子山国家级自然保护区管护局
云南省动物学会
中华全国供销合作总社昆明食用菌研究所
大理大学
云南林业职业技术学院

本书编写时间较紧，若存在不足之处，恳请广大读者予以批评指正，在此一并致谢！

序

据联合国《生物多样性公约》对“生物多样性”的定义，“生物多样性”是指地球上所有来源的生物体，包括陆地、海洋和其他水生生态系统及其所构成的生态综合体，这包括物种内、物种之间和生态系统的多样性。

20 世纪 80 年代以后，人们逐渐发现，若要拯救濒危物种，不仅要聚焦种群本身，还应保护好它们的栖息地及物种所在的整个生态系统。在这种背景下，“生物多样性”的概念应运而生，生物多样性保护也随着人类对地球的认知与热爱而成为人人都应该为之付出的美好事业。

2021 年 10 月 11 日至 14 日，《生物多样性公约》缔约方大会第十五次会议（COP15）第一阶段会议在云南昆明成功举行。会议通过了《昆明宣言》，助力各方达成“昆明—蒙特利尔全球生物多样性框架”，为全球保护生物多样性进程、构建地球生命共同体注入强大的推动力。

生物多样性看云南。作为中国生物多样性最丰富的省份，云南是我国重要的生物多样性宝库和西南生态安全屏障，云南的生物多样性在中国乃至全世界都有十分重要的地位。“动物王国”“植物王国”“世界花园”“真菌王国”“物种基因库”……这些美誉是云南的标签，更是云南生物多样性保护事业的勋章。我们希望，这些美誉不仅源自过去、现在，还将更加光辉于未来。

生物多样性靠我们。青少年能为保护生物多样性做些什么？让我们从“了解”开始。了解生物的样貌，以利认知；了解生物的习性，以利保护；了解生物的脆弱，共之以情；了解生物的力量，而知敬畏。

《云南省青少年生物多样性科普读物（上、下册）》的编辑出版，旨在从趣味性出发，从互动性入手，为全省青少年、“量身定制”一套科普读物，激发云南省青少年对云南生物多样性的关注，帮助其在潜移默化中树立生态文明理念，在了解云南独特自然资源和生态环境的同时，将生态环境保护与科学探索融入学习和生活，启迪真、善、美之心，激发其对生物多样性保护的关注度和行动力。

《云南省青少年生物多样性科普读物（上、下册）》由中华环境保护基金会资助，云南省生态环境宣传教育中心组织编写，云南科技出版社出版。本书的顺利出版离不开社会各界的大力支持和帮助：中国科学院昆明动物研究所、中国科学院昆明植物研究所、中国科学院西双版纳热带植物园专家团队为本书的编撰和审核提供了极大的支持和帮助；云南师范大学实验中学、昆明市中华小学、昆明市明通小学、昆明市盘龙小学、昆明市经开区实验小学、昆明市文林小学等参与项目的学校和相关老师，投入巨大精力，全程参与本书编撰工作；本书获得了中华环境保护基金会和广汽丰田汽车有限公司的捐赠与支持，并密切关注项目进程。在此，向所有给予本书帮助、支持的单位和同志表示衷心感谢。

本书参考、使用了有关政策文件、有关部门总结、有关专家著作和权威主流媒体报道，在此深表谢意。因该书通俗性和可读性要求，不能一一做注释标明，特此说明。

编委会

目录

云南省青少年

生物多样性科普读物

了解生物多样性保护

第一单元

“生物多样性”应知必知

第一课

什么是生物多样性?

仰观宇宙之大，俯察品类之盛，所以游目骋怀，足以极视听之娱，信可乐也。

——王羲之《兰亭集序》

我们生活在多彩的世界，是多样的生命共同成就了这精彩。人类的生存和发展离不开生物多样性。生物多样性是地球生命共同体的血脉和根基。

什么是生物多样性？让我们走进彩云之南，学习生物多样性的知识，感受生物多样性之美！

故事讲堂

游历多彩多姿的“滇中第一山”——轿子雪山

在云南的省会昆明，有一座拥有“滇中第一山”美誉的雪山——轿子雪山。它被评为国家级自然保护区，是天然的“宝藏地”。

在这里，生态系统多样，生物物种及遗传多样性非常丰富。

在这里，有挺拔的群山、险峻的断层绝壁、宽阔的高山草甸、隽秀的溪流瀑布、壮阔的杜鹃花海、幽静神秘的高山湖泊、形态优美的冷杉群、神秘震撼的傲骨林……

在这里，有干热河谷硬叶常绿栎林、半湿润常绿阔叶林、山顶苔藓矮曲林、寒温灌丛、寒温草甸等植被类型。

我们在攀登轿子雪山的途中，就能欣赏到这些不同的生态系统所带来的多样美景。

轿子雪山的植被类群可划分为常绿阔叶林、硬叶常绿栎林、温性针叶林、落叶阔叶林、竹林、灌丛及草甸7个植被型，向下又细分为11个植被亚型、17个群系组和28个群系。

在这里，急尖长苞冷杉遍布山林，姹紫嫣红的高山杜鹃次第开放，金铁锁、西康玉兰、攀枝花苏铁、须弥红豆杉等重点保护野生植物随处可见。

在这里，国家一级保护野生动物林麝、穿山甲，国家二级保护野生动物中国豺、黄喉貂、豹猫、中华鬣羚、川西斑羚、血雉等是红外相机里的“最萌常客”。

轿子雪山的物种多样性：共记载有野生维管植物1611种，哺乳动物79种，鸟类167种，两栖爬行动物47种。这里已建成100亩[①]高山杜鹃基因库——高山杜鹃园，已种植128个品种、2万余株杜鹃。

山脚下的农家小馆，也是探寻生物多样性的宝地。科普小达人云小环上线，为你讲解餐桌上云南鸡的多样性！

家鸡源于野生的原鸡，其驯化历史至少有4000年。中国人每天平均要吃掉1300多万只鸡。《中国畜禽遗传资源志·家禽志》中收录的地方鸡品种达到108个。云南由于得天独厚的地理优势，鸡的种类繁多。2011年，云南省农业厅从千千万万产鸡的地方选出了鸡的“排行榜”，它们分别是武定鸡、茶花鸡、无量山乌骨鸡、瓢鸡、盐津乌骨鸡以及大围山微型鸡，它们被称为云南“六大名鸡”。

小朋友们，鸡，属于鸟纲、今鸟亚纲、鸡形目、雉科。雉科鸟类在云南有分布的物种也很多，占全国雉科鸟类总数的60%多，最著名的如绿孔雀、白尾梢虹雉等。你还认识哪些雉科的小动物？查阅资料，和你的好伙伴说一说吧！

①亩为非法定单位，1亩≈666.7平方米。

“你是雪山孕育的圣泉，吸纳花溪的韵味。”“你是乌蒙捧出的清泉，献上彝家的情谊。”“轿子山泉清哟清，晶莹又清冽；轿子山泉甜哟甜，甘醇回味甜……”在《轿子山泉清又甜》的歌声中，结束了这一场收获颇丰的旅程。游玩了一天，我们看到了奇峰、秀水、冰雪、杜鹃、云海、日出、佛光，感受到“轿子山七绝”风光无限。

科普空间

什么是生物多样性？

生物多样性指的是地球上所有生命形式的总和，包括数以万计的动物、植物、微生物和它们所拥有的基因，以及它们与生存环境所组成的复杂生态系统。因此，生物多样性包括了遗传多样性、物种多样性、生态系统多样性三个层次。

1 遗传多样性

遗传多样性就是生物物种内基因的多样性，它是一个物种适应不断变化环境的方式之一。

小朋友们，有的水稻风一吹就倒，有的水稻风很大依然屹立不倒；有的水稻特别耐热，有的水稻特别耐低温；有的水稻在盐水里长得好，有的水稻在淡水里长得好，有的水稻本领更大，能在沙漠里生长……

除此之外，袁隆平爷爷及其科研团队经过努力，在我国湖南长沙明月村的隆平稻作公园里栽种了近十亩巨型稻。这些巨型稻高 2.2 米，比人还高，真的实现了“禾下乘凉梦”……

中国是水稻原产地，品种达 50000 个以上，有些品种是科学家们用野生稻不断杂交得来的。

在云南省红河哈尼梯田核心区，肥沃的土壤孕育了独特的梯田红米，颗粒饱满，色泽红润。在这里，仅红米这个物种就有 67 个品种，有金平谷、旱谷、薄竹谷、白脚老粳、红脚老粳、蚂蚱谷、红脚谷、观音山谷等，它们分别被种植在不同的海拔高度。

2 物种多样性

物种多样性是指地球上动物、植物、微生物等生物种类的丰富程度。

有句俗话说："一日一苹果，医生远离我。"苹果是日常生活中常见的一种水果，世界上大约有 100 个品种。苹果在分类学上，属于蔷薇科的植物。在中国，蔷薇科的植物共计有 1056 种。樱桃、月季、玫瑰、珍珠梅、梨、石楠等都属于蔷薇科的植物，这就是物种多样性的体现。蔷薇科的植物具有怎样的特征？小朋友们可以自行查阅资料进行了解。

杜鹃：属于杜鹃花科植物，不仅是云南的“八大名花”之一，还是中国的“十大名花”之一。全世界杜鹃花科的植物有5583种，中国有1065种。

报春：属于报春花科植物，花美丽且花期长，具有较高的观赏价值。报春花科的植物在全球约有800种。

木兰：属于木兰科植物，是著名的早春观赏花木，花蕾可入药，称辛夷。

除了杜鹃、报春、木兰外，山茶、龙胆、百合、绿绒蒿、兰花也都是云南的名花。感兴趣的小朋友可以查阅资料，了解它们的分类、生活习性等特征，做一名云南“八大名花”宣传大使！

3 生态系统多样性

生态系统多样性是指地球上生态系统组成、功能的多样性以及各种生态过程的多样性，包括生态环境的多样性、生物群落和生态过程的多样化等多个方面。

在云南，除了看不到海洋和沙漠外，其他各类自然生态系统都能找到。这些生态系统涵盖了从热带到高山冰缘荒漠，从水生、湿润、半湿润、半干旱到干旱的各种生态类型，堪称地球生态系统的缩影。

探究实践

（一）菜市场里的生物多样性
——了不起的水果

水果是餐桌上的甜蜜点缀，它们富含维生素、纤维素、糖分等营养物质，是保证身体健康必不可少的食物。然而，我们真正了解过它们吗？我们平时常常可以吃到或看到的水果，到底是从哪里来的？它们有什么被忽视的秘密？让我们走进菜市场，做一个小调查吧！

菜市场里的生物多样性
——了不起的水果

水果名称	别称（当地名、少数民族叫法）	产地	外部特征	内部结构	水果的秘密	水果大变身

温馨提示：我们可以通过看一看、摸一摸、闻一闻等方法来观察水果的外部特征。用小刀切开水果，观察它们的内部结构。通过上网查阅资料、询问老师等方法了解不同水果中隐藏的秘密。给自己做个水果拼盘，对食物来个大变身。

（二）菜市场里的生物多样性
——了不起的蔬菜

穿着五颜六色“衣服”的蔬菜家族丰富了我们餐桌的色彩。有穿着橙色运动衣的胡萝卜姐姐，还有穿着绿色裙子的卷心菜妹妹……它们都是我们餐桌上的好朋友。让我们走进菜市场，来一场和蔬菜的“邂逅”吧！

菜市场里的生物多样性
——了不起的蔬菜

蔬菜名称	别称（当地名、少数民族叫法）	产地	外部特征	内部结构	蔬菜的秘密	蔬菜大变身

温馨提示：我们可以通过看一看、摸一摸、闻一闻等方法来观察蔬菜的外部特征。用小刀切开蔬菜，观察它们的内部结构。通过上网查阅资料、询问老师等方法了解不同蔬菜中隐藏的秘密。给自己做一道美食，对食物来个大变身。

菜市场里还有很多的食物，比如不同长相的鸡、不同形状的豆子、不同颜色的野生菌……感兴趣的小朋友，可以邀请几个好伙伴，设计调查表，一同到菜市场进行调查，并向同学们介绍你们在菜市场中发现的生物多样性的奥秘。

菜市场调查表

菜市场名称：篆新农贸市场

菜品名称	菜品种类	菜品物种名	菜品分类	类似菜品
莲花白、卷心菜	蔬菜	甘蓝	十字花科	白菜
洋芋	蔬菜	马铃薯	茄科	红薯
黄花鱼	肉－鱼类	小黄鱼	鲈形目	带鱼
苹果	水果	苹果	蔷薇科	桃子

（三）徒步旅行中的生物多样性

在菜市场，在超市，在校园，在马路上，在我们旅游的途中，只要你是一个善于观察与发现的孩子，都能发现生物多样性之美。请你利用周末或假期，在爸爸妈妈的陪同下，去爬一座高山，发现高山上的不同生态系统及不同的生物类群吧！

（四）“带我回家”对对碰游戏

云南是我国生物多样性最丰富的省份，属于全球 34 个物种最丰富且受到威胁最大的生物多样性热点地区之一。云南土地面积仅占全国的 4.1%，却涵盖了地球上除海洋和沙漠外的所有生态系统类型。请同学们根据所给的动植物及生态系统类型，来一场动植物与生态系统“对对碰”的游戏吧！

游戏规则

1. 每个小组挑选一名学生代表，在这名学生代表的胸前贴上带有生物名称的卡片。

2. 选择教室或活动空间的不同方位代表不同的生态系统类型。

3. 贴有生物名称的学生找到该生物对应的生态系统，并解释相关性。

4. 找对生态系统并解释正确的小组给予奖励。

生物：滇金丝猴、绿孔雀、红豆杉、望天树、云南松、云南裂腹鱼、黑颈鹤、云南松、双角犀鸟、戴帽叶猴、白眉长臂猿、大熊猫、蜂猴、亚洲象、橡胶树、海豚、仙人掌、骆驼、百岁兰、水母、鲨鱼、海带、斑马、羚羊、珙桐、鸡枞、羊肚菌、松茸、稻米、小麦、海鸥……

生态系统：海洋生态系统、淡水生态系统、森林生态系统、草原生态系统、荒漠生态系统、农田生态系统、城市生态系统等。

收获成长

你觉得自己的表现可以得几颗星？用你喜欢的颜色涂一涂小星星吧！

任务	可以得几颗星
从故事讲堂中了解了遗传多样性、物种多样性及生态系统多样性	☆☆☆☆☆
掌握了生物多样性以及遗传多样性、物种多样性、生态系统多样性的概念	☆☆☆☆☆
知道了云南的八大名花	☆☆☆☆☆
完成了探究实践的四个活动	☆☆☆☆☆

第二课

生命之网

小朋友，在生活中你都见过哪些网？

这些网都是我们身边能够看得见、摸得着的。在自然界中也有一张神奇的生命之网，在这张网上住着无数的生物，它们相互关联、相生相克。

大家都听说过谚语“螳螂捕蝉，黄雀在后”，我们可以整理出这样一个链条：树—蝉—螳螂—黄雀。我们还听说过“大鱼吃小鱼，小鱼吃虾米，虾米吃青泥”，又能整理出这样一个链条：水生植物—虾—小鱼—大鱼。生物与生物之间，形成的这种吃与被吃的关系，就叫食物链。生物之间的关系，不仅仅只有吃与被吃的关系，还有相互依存、互惠互利等多种复杂的关系。每个生物，都是生命之网中的一个节点，它们又和其他的节点通过多种多样的关系链相连，从而组成我们这个多彩的世界。

在生命之网中，植物通过光合作用制造有机物，不仅供给植物自身，也为人类和动物提供食物及氧气，植物是生命之网中的生产者。人类和动物不能自己制造有机物，他们直接或间接地以植物为食，是生命之网中的消费者；在消费的同时，人类和动物也会帮助植物传播种子，长出新的植物，并为植物提供养料。动物的尸体、粪便会被细菌和真菌分解，之后又被植物重新利用，细菌和真菌常常被称为生态系统中的分解者。就这样，在不同的环境之下，我们的生命就连在一起了。

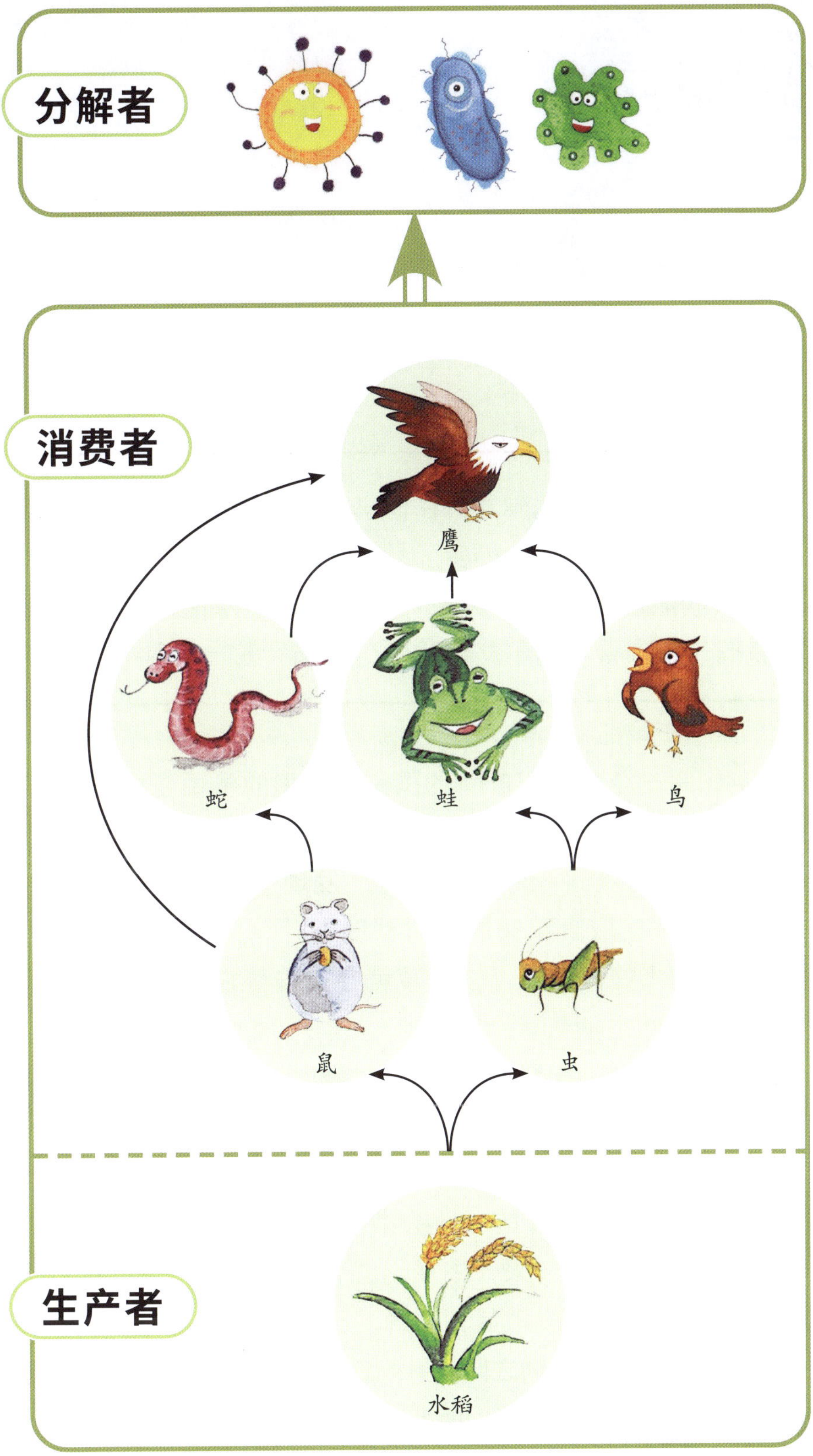
分解者
消费者
鹰
蛇
蛙
鸟
鼠
虫
生产者
水稻

故事讲堂

（一）猫、三叶草和牛

著名的生物学家达尔文，在他享誉世界的著作《物种起源》中提出了一个观点：猫养得多了，三叶草就多，养牛业就发达。养猫怎么就能让养殖业发达呢？它们和三叶草之间有什么联系呢？我们一起来看看达尔文讲述的这个猫、三叶草和牛的故事。

英国是一个盛产三叶草的国家，这里的牛主要以优质的三叶草为饲料。三叶草的花结构特殊，多数蜂类都无法接触到它的蜜腺。达尔文在观察三叶草的花时，发现土蜂可以取食到三叶草的花蜜，并在取食花蜜的同时帮助三叶草传粉。因此，如果一个地方的土蜂没有了，三叶草就会失去帮它传播花粉的媒介，三叶草也会随之消失。

当地有一种田鼠，喜欢吃土蜂幼虫，还常常捣毁土蜂的蜂房，土蜂减少，也进而影响到了三叶草的传粉。而田鼠的天敌，就是猫。如果一个地方养的猫多，那么田鼠的数量就会受到控制，对土蜂的威胁会减少，三叶草的长势就能变得旺盛，这样一来，牛儿们就有更多的饲料可以吃啦。

猫、田鼠、土蜂、三叶草和牛这几种看起来毫不相干的生物之间，原来存在着这样有趣而又复杂的关系。这也就是我们所说的生态链和生物网的关系。

（二）鲸落，地球上最壮美的重生

2020年4月2日，我国的“探索一号”科考船顺利返航，并带回了一个非常重要的科学发现——科研人员在南海海底拍摄到了一只3米长的幼鲸尸体，其尾部仍有少量肌肉，看起来死亡时间还不算太长，尸体上活跃着不少海洋生物，如白色铠甲虾、红虾、鼬鳚鱼，仿佛正在举办一场盛大的宴会。

这就是鲸落！

鲸落是一种存在于海洋中的自然现象，指的是鲸鱼死后，其尸体沉入海底而形成的非凡的生态现象。在食物贫瘠的海洋深处，鲸落为无数海底生物带来了丰富的食物资源，供养了一众海底生物。鲸鱼尸体在几十年中形成的独特生态系统就如同深海的“沙漠绿洲”一样，成了海底生物多样性聚集的区域。据科学家统计，在北太平洋的深海中，至少有12000多种生物依靠鲸落生存，其中部分种群还是鲸落的特有种。

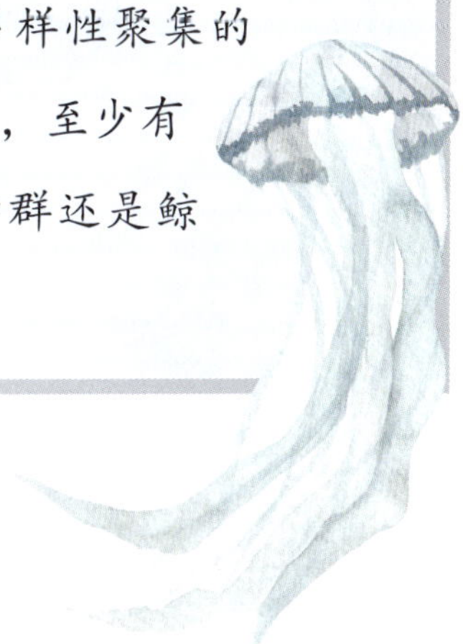

对于一个星球而言，大型动物的数量及种类与这个星球的生态环境息息相关。就像大象的粪便能够为很多鸟类、昆虫带来养分一样，鲸鱼的尸体也能为海底的各种鱼虾、食腐生物甚至细菌提供充足的养分。鲸落是鲸带给海洋最温柔的奇迹，在数十年甚至上百年里，给营养物质匮乏的深海带来了勃勃生机。

在过去的十多年里，随着对鲸落研究的深入，科学家们对深海鲸落生态系统的演替、群落中物种丰富度及物种的演化有了许多新的看法和见解。科学家们在世界各地的鲸落中一共收集到了分属于7个门的129个被新推定的新物种，其中有37个新物种已被正式描述。这一发现说明了存在着一类特殊适应鲸落生态系统的生物，虽然没达到“一鲸落，万物生”的程度，但也足以说明大自然的神奇之处。

科普空间

（一）生物之间的关系

食物链

生物之间的关系，简而言之，就是吃与被吃的关系。动物作为食物链中的消费者，是当之无愧的“吃货”。“在清水田里，时有一只两只白鹭站着钓鱼……”通过《白鹭》这篇文章，我们知道白鹭喜欢吃鱼，鱼儿又以植物为食，这就是典型的吃与被吃的食物链。

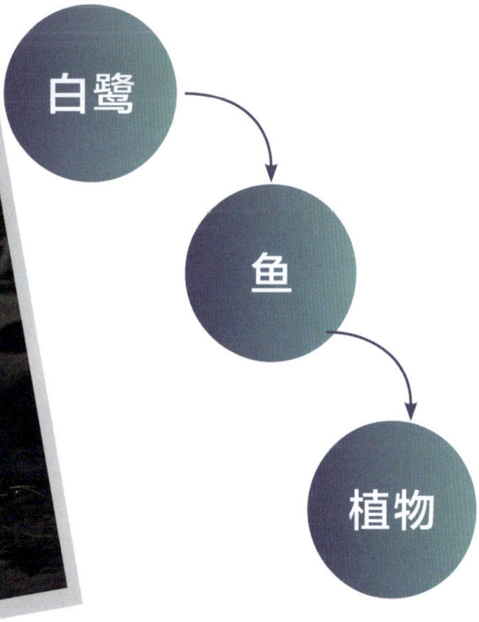

竞争

在自然界中，弱肉强食是最基本的生存法则。不同的物种为了能够生存下来，往往会激烈地争夺光、水、营养等。《小稻秧脱险记》中就有这样的一幕：一天，水稻田里发生了激烈的争吵。一群杂草把小稻秧团团围住，气势汹汹地嚷道："快把营养交出来！"

除了竞争，植物之间还会释放化学物质，影响周围植物的生长，即使是同种植物，其枯枝落叶经水淋或微生物的作用也会释放出物质，抑制其自身的生长。如芦苇腐烂后在器官组织中富集的乙酸、硫化物会抑制植株自身的生长。

互惠互利

大自然中的生存法则也不完全是残酷的，其温馨的一面在地衣家族中就体现得淋漓尽致。地衣是由一种真菌和一种藻类组合成的复合有机体，尽管两个共生生物的关系纷繁复杂，但分工明确：由含有叶绿素的共生藻进行光合作用，为整个地衣制造养分；而共生菌则从外界吸收水分和无机盐，使藻体保持一定的湿度和得到光合作用所需的原料，同时将藻体包裹在其中，以避免强光直射，防止藻类细胞干燥死亡。由此可见，菌、藻的结合天衣无缝，地衣必须靠互相依存、互惠共生的二者才能维持生存，说它们是“生存合伙人”一点也不为过，这简直就是一个微型的生态系统。

（二）海洋生态系统

海洋生态系统是指一定海域内生物群落与周围环境相互作用构成的自然系统，是具有相对稳定功能并能自我调控的生态单元。

海洋的生物多样性面临着诸多威胁，如过度开发利用、气候变化、海洋污染、生境破坏、外来物种入侵等。

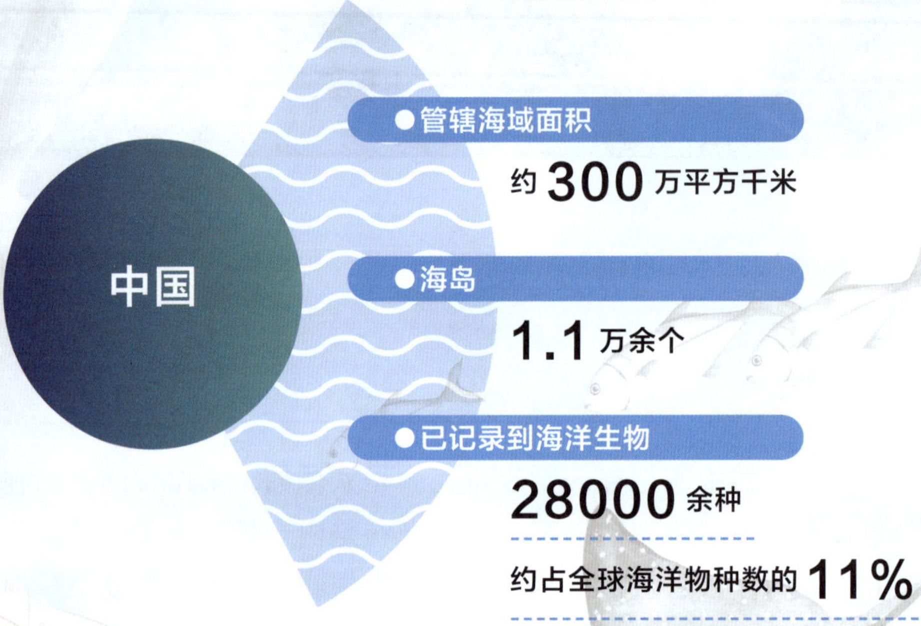

中国是世界上海洋生物多样性最为丰富的国家之一，管辖海域面积约 300 万平方千米，海岛 1.1 万余个。拥有黄海、东海、南海和黑潮流域 4 个大海洋生态系统，已记录到海洋生物 28000 多种，约占全球海洋物种数的 11%。

我国目前主要通过划定海洋自然保护地、海洋生态保护红线等措施实施海洋保护。同时，通过完善法律法规和制度政策，实施海洋生态保护修复和综合治理，来提升海洋生物多样性的就地保护成效。

党的二十大报告提出，提升生态系统多样性、稳定性、持续性。以国家重点生态功能区、生态保护红线、自然保护地等为重点，加快实施重要生态系统保护和修复重大工程。推进以国家公园为主体的自然保护地体系建设。实施生物多样性保护重大工程。科学开展大规模国土绿化行动。深化集体林权制度改革。推行草原森林河流湖泊湿地休养生息，实施好长江十年禁渔，健全耕地休耕轮作制度。建立生态产品价值实现机制，完善生态保护补偿制度。加强生物安全管理，防治外来物种侵害。

中华白海豚

斑海豹

例如，我国实施的“综合 + 专项”海洋生态保护修复治理系列措施与行动，就制定了中华白海豚、斑海豹、海龟、红树林等专项保护行动计划，形成了保护海洋生物多样性的“中国方案”。

（三）生物关系的应用

为了探索大自然的奥秘，更好地保护生物多样性，科学家们也在潜心研究自然界中不同生物之间、不同生态系统之间的相互关系。比如动物如何帮助植物传粉，动物如何帮助植物散布种子，不同物种之间如何协同进化等。简单地理解，就是谁吃谁、谁怕谁、谁喜欢谁、谁帮谁，每种生物如何生儿育女，并将自己的后代扩散出去，让自己的家族繁荣昌盛的故事。

科学家们把研究生物之间关系的成果应用到生产生活中，帮助了农民伯伯，也让我们能吃上更加绿色安全的食物。我们知道，庄稼和果树最怕长蚜虫，农民们为了控制蚜虫使用了农药，如果农药使用得太多就会对人的身体健康有害。不过，蚜虫也有它们“害怕”的天敌，当科学家们把蚜茧蜂、食蚜蝇、瓢虫、草蛉等昆虫引入农场，恢复农业生态系统中的平衡，就能逐渐减少农药的使用，甚至不用农药，保护农作物的同时，也保障了食用者的安全。这就是把生物网中不同生物之间的关系在实际生产中加以利用的例证。

蚜茧蜂

探究实践

（一）调查湿地生物多样性

在我们的生活中，湿地无处不在，小到一个池塘、一条小溪，大到一个湿地公园、江河湖海。在这些地方住着许许多多神奇的生物，它们每天都在吃其他的生物，或者被其他的生物吃掉。

请你选择一处湿地，连续观察一段时间，找出一条生物链吧！

观察日记

（二）湿地的奇妙物种

根据2020年湿地资源监测（第二次湿地资源调查）数据，云南省湿地总面积61.83万公顷，占全省面积的1.6%：湿地植物共2274种，湿地脊椎动物共1006种，均居全国第一，其中，湿地鸟类种数占全国的70%。

我们身边拥有这么多的湿地生物资源，大家仔细观察，并挑选自己最喜欢的一种生物，观察它们的形态、喜欢生长（或停留）的位置、喜欢的食物以及和其他生物的关系。

例：

树叶画的名称：

小画家：

用到的树叶有：

收获成长

你觉得自己的表现可以得几颗星？用你喜欢的颜色涂一涂小星星吧！

任务	可以得几颗星
了解“鲸落”的故事	☆☆☆☆☆
完成探究实践调查或观影记录表	☆☆☆☆☆
了解海洋生态系统及海洋生物链	☆☆☆☆☆
了解我国海洋生物多样性面临的威胁及保护策略	☆☆☆☆☆
了解世界湿地日、世界海洋日	☆☆☆☆☆

第三课

为什么生物多样性很重要？

正如经济学家史密斯指出的：“人类所有的财富无不来源于自然界。”生物多样性与人类的生存和发展有着密切的关系。生物多样性不仅能为人类提供丰富的自然资源，满足人类社会对食品、药物、能源、旅游、娱乐和教育等的直接需求，而且能维持生态系统的功能、调节气候、净化空气和水，从而支持人类社会的经济活动和其他活动。人类与生物多样性共生共荣，可以说“生物多样性就是生命，保护生物多样性就是保护我们的生命”。生物多样性不仅具有经济价值，还有重要的生态价值、精神价值、科研价值等。

故事讲堂

云南省贡山独龙族怒族自治县独龙江乡地处中缅和滇藏接合部，是全国唯一的独龙族聚居地。目前，这里的森林覆盖率高达93.10%，独龙江流域已发现高等植物1000多种、野生动物1151种，是名副其实的自然地貌博物馆、生物物种基因库、“云南旅游的最后一片原始秘境”。

曾经，受特殊的自然条件和社会发展程度制约，独龙江乡独龙族群众靠“轮歇烧荒”“刀耕火种”“广种薄收”等生产生活方式艰难度日。穷则思变，变则思通。独龙族人民立足独龙江乡自然气候和地理条件，依靠丰富的、特有的生物资源，因地制宜发展特优产业。

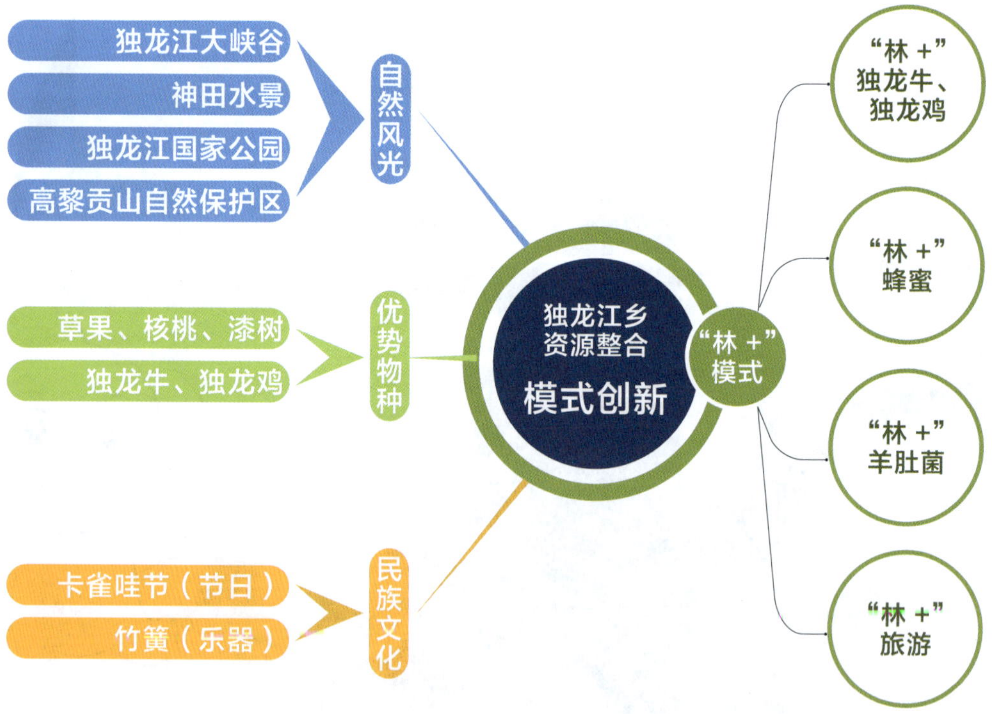

独龙江乡部分资源概况

独龙江乡经过长期探索，发展出了多种与森林相结合的特色产业。当地人规划出专门的牧场，科学养殖独龙牛和独龙鸡等，通过特色生物物种的养殖，提高了林地的利用和产出率；当地的独龙族人民，在森林里种植草果和羊肚菌，这些资源也为当地带来了很好的经济收入；独龙江乡的人民还很好地利用了生物网的知识，创造性地在草果地里尝试招引独龙蜂，并成功收获蜂蜜，草果花为蜜蜂提供了丰富的蜜源，蜜蜂则通过采蜜为草果传粉，提高了草果挂果率和产量。

自然放养的独龙牛

独龙江林下栽培的人工羊肚菌

同时，独龙江峡谷保留着较为完好的原始生态景观。这里有悬挂在崖壁上的瀑布飞泉、美丽非凡的月亮田、变幻莫测的高山峡谷、翡翠般晶莹纯净的独龙江水，还有神秘的人文景观。独龙江乡积极开发特色旅游村项目，打造生态农业旅游、独龙美食文化体验游；另外，充分发挥森林资源优势，打造科考探险、人马驿道等生态旅游项目。

丰富的生物多样性资源，是世代居住在独龙江乡的独龙族、怒族、傈僳族、藏族、汉族等各族人民生活生产、繁衍生息的基础，更是独龙江流域成为“云南旅游的最后一片原始秘境”的重要保障。依靠着独龙江丰富的生物多样性资源优势，独龙江乡的人民实现了脱贫致富，他们也将在人与自然和谐共生的发展大道上，越过越好。

科普空间

生物多样性与人类的生存和发展有着密切的关系，每个层次的生物多样性都有着重要的实用价值和意义。

（一）生物多样性是人类赖以生存的物质基础

衣

在日常生活中，人们所穿的衣服、盖的被子等基本上是以棉花以及蚕丝等为原材料制作而成的。

食

人类的食物直接或间接地来源于生物，如面粉是用小麦加工的、大米来源于水稻、肉类来源于动物等。我们的食物主要来源于自然界，生物多样性为我们提供了丰富的食物种类。

味

具有香气，可以提取芳香物质的植物，被人们称作芳香植物。人们可以用蒸馏、压榨等方式从芳香植物的花、叶、根、树皮、果实、种子、树脂等组织中提炼出芳香物质，俗称植物精油。这些芳香物质，有些具有药用价值，有些可作为香水的配方成分，还有的可以用在食品加工中。

药

生物多样性具有重要的药用价值。川贝母、茯苓、枇杷以及黄连等都可制药，蜈蚣、蛤蜊及蝉蜕等都是重要的动物药材，红豆杉树中提炼的强效抗癌药物紫杉醇具有重要价值。中国古代医书典籍里都有以动物、植物为药材治病的例子。

青蒿素

青蒿素是治疗疟疾耐药性效果最好的药物，它的发现缘于越战需求。20世纪60年代，全球疟疾疫情难以控制，尤其是越战期间，美国、越南两军深受其害，双方不惜投入大量财力、人力，美国最终也未找到理想的抗疟新药，越南则求助于中国。为尽快研制防治疟疾的新药，毛主席下令成立全国协作研究组，屠呦呦为“中医中药专业组”的组长。项目组从中医宝库中初步选择了上千种草药，最后在东晋葛洪《肘后备急方》中找到了答案，通过低温提取，分离到青蒿素，其对鼠类疟疾显示了100%的惊人疗效。随后，屠呦呦团队研发了青蒿素衍生物，解决了抗药性问题。

青蒿素联合疗法是WTO最推荐和最有效的抗疟疗法，其成功地治愈了成千上万的疟疾患者。屠呦呦因突出贡献，于2015年获得诺贝尔生理学或医学奖，成为第一个以中国国籍获得诺贝尔科学奖的中国人。

目前青蒿素除表现出对疟疾的疗效外，其在抗癌、抗炎、抗寄生虫（疟疾之外）和抗病毒等方面也表现出光明前景。就如屠呦呦所说一样，青蒿素是来自传统中医药的礼物，我国传统中医文化博大精深，期待大家去开发中医宝库。

（二）生物多样性的生态价值

生物多样性具有涵养水源、保持水土、调节气候、防风固沙、维持生态系统平衡等生态价值。

在云南，生物多样性铸就了云南重要的生态安全屏障。例如，滇西北高山峡谷、哀牢山—无量山山地以及南部边境的热带森林，形成了云南省的三道屏障，保护了云南独特的生态系统、天然植被、热带雨林和珍稀濒危物种。

（三）生物多样性的旅游价值

生物多样性具有旅游和休闲价值。不同地区可以根据当地生态环境特点，设置野生动物保护区、野外生物观赏区、野生动物园等，有的地方还有野外观鸟、赏花、森林浴等项目，如普达措国家森林公园（迪庆）、清华洞国家森林公园（大理）、西双版纳国家级自然保护区、昆明市石林风景区、大理市崇圣寺三塔文化旅游区等。

（四）生物多样性的文学和艺术价值

人类的审美和文化塑造离不开生物多样性的影响。古今中外，无数的文学家、艺术家以丰富的生物为题材创作了大量的文学和艺术作品。

春天，“竹外桃花三两枝，春江水暖鸭先知”；夏天，“接天莲叶无穷碧，映日荷花别样红”；深秋，“停车坐爱枫林晚，霜叶红于二月花”；冬天，“已是悬崖百丈冰，犹有花枝俏”。这些我们耳熟能详的诗句都是依托生物资源和绮丽的大自然创作的。

（五）生物多样性的科研价值

自然界是人类各种技术思想、工程原理及重大发明的灵感源泉。人们很多的创造发明都离不开生物的启发。飞机来自人们对鸟类的模仿，船和潜艇来自人们对鱼类和海豚的模仿，火箭升空是受水母、墨鱼反冲原理的启发，雷达来自蝙蝠的超声定位原理，还有我们木工使用的锯子也是根据锯齿草改进而成的，起重机的挂钩源于动物的爪子。

例如，科学家们研究中国最毒的蛙类——大蹼铃蟾，发现它们的皮肤腺发达，受到刺激时会分泌含有活性物质的皮肤黏液。这种物质具有激发组织进行修复、促进疤痕愈合的功能，为人类研发消除疤痕的药物提供了参考。

探究实践

（一）生物多样性——家庭小侦探

请你观察你的衣服、被子等生活用品，并在父母的帮助下，寻找制作衣服、被子等的原材料，填写在下图相应的框内。

（二）生物多样性——调查小能手

请调查棉花在生活中的用途，并填写在下图相应的框内。

（三）生物多样性——来当美食家

请分析下图过桥米线所需的各种食材的来源。

食物名称	来源	食物名称	来源
米线	大米	酥肉	猪
菊花		鸡肉	
草芽		火腿	

（四）生物多样性——来当调香师

请仔细观察家里的日化用品的配方表，了解能提取到芳香物质的植物。

物品名称	香型	芳香植物	用途
洗洁精	柠檬香型	柠檬	去污

（五）生物多样性——来当药剂师

请根据家中的药品说明书，寻找家中相关药品的成分来源。

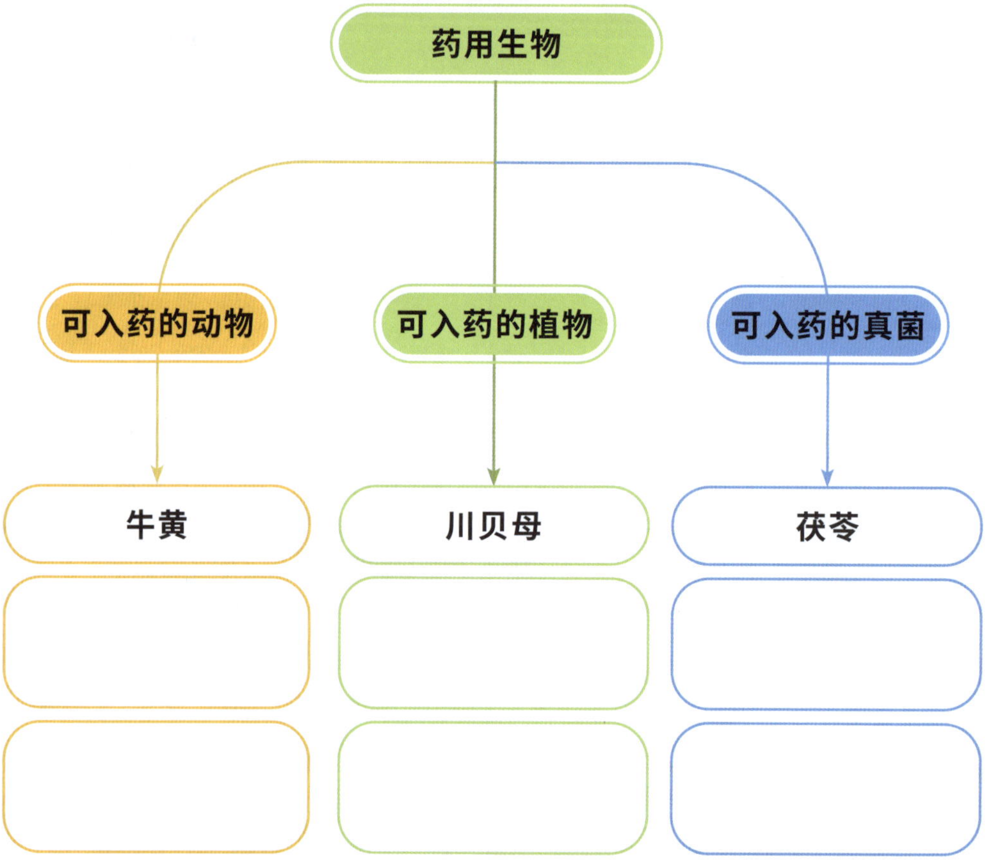

（六）生物多样性——来当文学艺术家

请在语文课本中找出至少两篇描写自然景观、动植物的作品，并摘抄出你最喜欢的句子，与同学们分享。

（七）生物多样性——来当科学家

请你通过新闻报道、书刊报纸、上网查询等方式，了解和生物相关的科学研究，选取你最感兴趣的一项研究与同学们分享交流。

想一想

蜜蜂灭绝，会带来哪些影响呢？

- 植物不能完成传粉而消失
- 传粉动物会消失
- 森林会消失
- 生态平衡会被破坏

收获成长

你觉得自己的表现可以得几颗星？用你喜欢的颜色涂一涂小星星吧！

任务	可以得几颗星
简单介绍独龙江人民利用了当地的哪些生物多样性资源	☆☆☆☆☆
说出生活中的物品来自哪些生物	☆☆☆☆☆
说出可以药用的生物名称	☆☆☆☆☆
说出云南省著名的旅游景点	☆☆☆☆☆
说出 **3** 种已经灭绝的生物	☆☆☆☆☆
说出 **3** 种“天然抗生素”	☆☆☆☆☆

第四课

什么在威胁着生物多样性？

生物多样性的丧失将给人类带来前所未有的威胁。人类正处在生物多样性保护的十字路口。

2020 年《全球地球生命力报告》统计表明：

- 从 1700 年以来，地球上近 90% 的湿地已经消失。
- 世界上 60% 以上的珊瑚礁濒临灭绝。
- 地球上 75% 的无冰土地已被人类活动显著改变。
- 过去 40 年里，哺乳类、鸟类、两栖类、爬行类和鱼类的种群规模平均减少了 68%。

……

这些数字让我们既震惊又痛心。是什么在威胁生物多样性？让我们走进故事讲堂，学习威胁生物多样性的因素吧！

故事讲堂

（一）我们的家没了

考拉

2019 年 9 月，澳大利亚迎来春夏季节，极端干燥的天气引发的山火也接踵而来。2020 年 1 月 3 日，丛林大火袭击了澳大利亚第三大岛屿袋鼠岛，岛上超过 15 万公顷的森林被烧毁，考拉、袋鼠死伤无数。据报道，在持续近 5 个月的大火中，至少有 10 亿只动物丧命，2.5 万只考拉死亡，部分物种或被灭绝。

鲸鱼

曾经的海洋霸主，无论它们活着还是死后，对海洋和地球大气的生态都作出了巨大的贡献。然而，受人类猎杀以及海洋污染和塑料垃圾的影响，目前四分之一的鲸类濒临灭绝。

红毛猩猩

在马来西亚语中，“红毛猩猩”的意思是“森林里的人”，它们与人类的基因相似度高达96.4%。遗憾的是，这种以红色皮毛、长而有力的手臂和手掌而闻名的神奇动物被正式宣布为极度濒危物种。可爱的幼年红毛猩猩会被非法贩卖，变为一种珍奇的宠物，很多被贩卖的小红毛猩猩都活不过一岁。由于人类活动和对油棕种植园的需求，这些类人猿的家园正在迅速消失。红毛猩猩在森林里寻找不到需要的食物时会被迫进入人类的农耕地、庄园等地方去觅食，因而成为猎人的目标。红毛猩猩体积大、行动慢，因此特别容易被猎人捕杀。随着保护区内非法采伐活动的增加，有超过50%数量的猩猩种群生活在森林保护区之外。

小朋友们，由于栖息地被破坏而导致动物数量减少的例子还有很多，如小熊猫、老虎、非洲野狗、海龟、山地大猩猩等。

（二）这样的气候我们不喜欢

对某些海龟来说，当孵化温度高于 29℃时，孵化出的多数幼龟为雌性；当孵化温度低于 27℃时，孵化出的多数幼龟为雄性。在气温持续升高的大背景下，某些龟类和鳄鱼，可能面临着灭绝的危险。

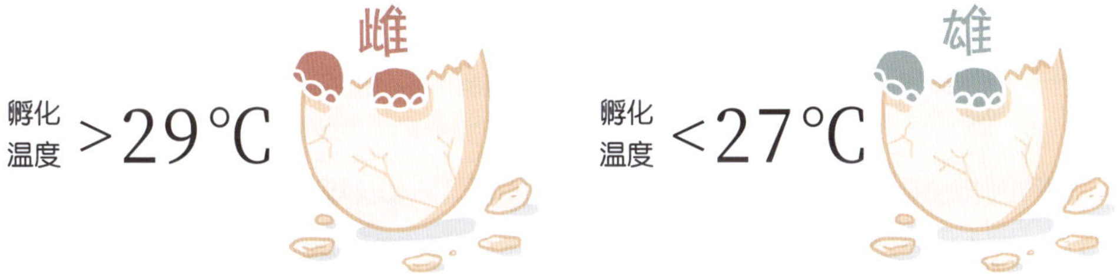

有保护组织在2019年进行了预测：如果地球继续以此趋势变暖，到2100年，全球平均气温将上升4℃，届时超过2/3的北美鸟类物种，将由于活动范围丧失而濒临灭绝。在2013年，澳大利亚科学家就指出：每年有数以百万计的水鸟在迁徙过程中，因海平面上升淹没湿地，不能在中途休整觅食，无法安全飞往栖息地。

珊瑚礁以其极高的生物多样性被誉为“海洋中的热带雨林”。它庞大的生态系统是许多海洋生物存活的“基础”。珊瑚和藻的共生以及光合作用是珊瑚礁生存的根本。作为珊瑚的食物来源，藻对水质和温度都有特殊要求。如果海水的质量下降，共生藻就会从珊瑚中释放出来，使珊瑚呈现白色，也就是珊瑚白化。全球变暖是珊瑚礁白化的主要原因。近十几年来，气候变化正使得珊瑚白化现象出现的频率加快、规模更大。珊瑚白化的下一阶段就是珊瑚及依赖珊瑚生态的生物大量死亡。世界气象组织在报告中指出，因为气候变化，全球99%的珊瑚礁很可能在21世纪末前消失。

（三）让人们又爱又恨的小龙虾

小龙虾，又名克氏原螯虾，是一种原产于美洲的淡水虾类。我国的小龙虾最早是从日本引进的，因为与海中的龙虾长相酷似但个头稍小，被我国人民称为“小龙虾”。在正式成为人们熟知的餐桌美食之前的几十年间，中国的小龙虾一直处于散养状态，逃逸到自然环境中的小龙虾对我国的生态环境造成了不小的伤害。

小龙虾的繁殖习性就是爱打洞。在繁殖季节，小龙虾会挖掘一个很深的洞穴，一般在 0.5~1.5 米。小龙虾一旦在堤坝上大范围、高密度地打洞，就会让大堤变得松垮，无法抵御洪水的冲击。

1998 年的长江洪水，让大量堤坝垮塌，在抗洪时，防汛人员发现许多堤坝上有大量洞穴，洞穴里面住着小龙虾。小龙虾这一习性竟然使其成为毁坝的罪魁祸首。

在历史悠久的红河梯田，小龙虾也让当地人大伤脑筋。一方面，它们会充分发挥打洞的习性，在梯田原本松软的土地上打洞繁殖。据相关机构统计，自 2011 年以来，小龙虾已经成规模地入侵了三万多亩梯田，每亩梯田被打洞上百个，这大大破坏了梯田的保水性。另一方面，小龙虾作为杂食性动物，以梯田中的水稻幼苗为食，给当地农民带来了较大的经济损失。

针对小龙虾毁坏红河梯田的问题，当地政府在人力、物力方面进行了巨大的投入，出资百万元购买相关的捕杀小龙虾的器械，同时推出生物防治和药物防治相结合的方法。一方面，在梯田中投放可以杀死小龙虾但是不会危害水稻的农药；另一方面，向梯田中投放小龙虾的天敌如鲶鱼等进行食物链捕食。通过双管齐下的方法，尽可能地捕杀小龙虾，减少梯田的损失。

科普空间

（一）生物多样性丧失的五大原因

1 栖息地被破坏

开垦、城市扩张、人口增长、基础设施建设、采矿、水电工程等活动造成栖息地丧失、生境破碎化等，进而导致生物多样性丧失。

2

资源过度开发

盗猎和贸易直接将很多野生动物推向灭绝的边缘。过去 50 年中，鱼类和海产品的过度利用是导致海洋生物多样性丧失的最大因素。目前，仅有 3% 的海洋被认为没有受到来自人类的影响。

3

气候变化

47% 的受威胁哺乳动物和 23% 的受威胁鸟类可能已经受到气候变化的影响，许多无法适应气候快速变化的物种，面临着更大的威胁。因臭氧层损耗而增加的紫外线也对农、林、牧、渔相关的生物多样性造成严重威胁。

4

环境污染

塑料、持久性有机污染物、重金属和海洋酸化带来的危害对海洋生物多样性影响尤甚。自 1980 年以来，海洋塑料污染增加了 10 倍，至少影响到 267 个物种。

5

外来物种入侵

外来物种入侵也是全球生物多样性面临的严重威胁之一。自 1980 年以来，全球外来入侵物种累计增加了 40%，导致特有物种和生态系统功能下降。而在一些岛屿上，外来入侵物种则对当地生物多样性造成重大影响。

（二）什么是外来物种入侵？

外来物种入侵是指生物物种由原产地通过自然或人为的途径迁移到新的生态环境，在当地自然或人工生态系统中定居、自行繁殖和扩散，最终明显影响当地生态环境，损害当地生物多样性。

据统计，全球共有1517种外来入侵物种，其中包括886种陆生植物、52种水生植物。我国属于全球外来物种入侵最严重的国家之一，已有660多种外来入侵物种，由生物入侵导致的直接经济损失高达每年500亿元人民币。生态环境部已发布四批外来入侵物种名单，包括我国自然生态系统中典型外来入侵物种71种，其中包括40种植物、31种动物。

（三）外来物种入侵的危害有哪些？

1. 造成巨大的经济损失

有关资料显示，美国、印度、南非三国每年因外来入侵物种造成的经济损失分别为1500多亿美元、1300多亿美元和800多亿美元，而我国每年也为此损失数百亿元人民币。

2. 造成生态系统的严重破坏和生物污染

大部分外来物种成功入侵后会呈大爆发式增长，造成严重的生物污染，对当地生态系统造成不可逆转的破坏。例如，原产南美洲的水葫芦现已遍布我国华北、华东、华中、华南的河湖水塘，疯长成灾，严重破坏水生生态系统的结构和功能，导致大量水生动植物死亡。许多入侵物种，在新的环境中可能出现基因突变，造成严重的生物污染。

3. 直接威胁到人类的健康与安全

紫茎泽兰的茎叶可引起人的手脚皮肤发炎。豚草所产生的花粉是人类花粉过敏症的主要病因，可导致“枯草热”症。

紫茎泽兰

豚草

4. 导致生物多样性丧失

近年来，松材线虫、美国白蛾、湿地松粉蚧等森林入侵害虫危害的面积，每年达15000平方千米；稻水象甲、非洲大蜗牛、美洲斑潜蝇等农业入侵害虫每年危害的面积超过14000平方千米; 脉草、飞机草、水葫芦、大米草等肆意蔓延，对当地生物多样性和农业生产形成了巨大威胁。

松材线虫

美国白蛾

稻水象甲

探究实践

（一）家国情怀，共同关注

1. 请同学们查阅资料，了解我们所在环境中的外来入侵物种有哪些，这些物种带来的危害是什么。

外来入侵物种调查记录表

入侵物种名称	入侵物种特征	入侵物种发现地	入侵物种生存景观（如河流、湖泊、草原等）	入侵物种的危害	其他发现

除了栖息地被破坏、气候变化、物种入侵导致生物多样性丧失，还有哪些因素会导致生物多样性丧失呢？请你想一想，和小伙伴们说一说吧！

2. 请你选择一种国内濒危的物种，上网查阅资料，了解它们濒危的原因。和你的同伴交流我们该怎样做，才能让它们的数量不再锐减。

（二）爱我家乡

1. 同学们自己设计制作调查表，了解身边的老师、同学、居民对保护身边动植物的态度，进行数据统计，了解不同人群所占的比例，并想办法提高不同人群的生物保护意识。

2. 选择你的家乡一个具有代表性的区域，对该区域的生物多样性进行调查，并分析该区域生物多样性受威胁的原因。

（三）发出倡议，共爱地球

结合世界环境日、国际生物多样性日、世界森林日、世界地球日、世界湿地日、世界海洋日等重要节日，通过制作倡议书、手抄报、黑板报等方式，向公众宣传保护生物多样性的知识及重要意义。

收获成长

你觉得自己的表现可以得几颗星？用你喜欢的颜色涂一涂小星星吧！

任务	可以得几颗星
掌握生物多样性受威胁的原因	☆☆☆☆☆
了解我国的部分外来入侵物种	☆☆☆☆☆
完成探究实践的三个活动	☆☆☆☆☆
知道什么是外来物种入侵	☆☆☆☆☆
知道外来物种入侵的危害	☆☆☆☆☆

第二单元

云南生物多样性的“前世今生”

第一课

云南的古生物

云南不仅是植物王国、动物王国，还是古生物王国。云南的古生物化石资源丰富，从元古代到新生代各地质时代的皆有。从寒武纪的澄江动物化石群到泥盆纪的曲靖古鱼、三叠纪的罗平生物群，再到侏罗纪的禄丰恐龙、人类祖先腊玛古猿、第四纪的元谋猿人，云南保存下来的古生物化石时间线完整，种类多、规模大。根据2020年中国地质调查局古生物化石类群分类原则，分类至三级共27类，目前资料证实云南古生物化石涵盖26类；据初步统计，云南古生物化石有1303属2449种。

对古生物化石的研究证实生物多样性非常重要。保护好生物多样性，对人类生存具有非常大的意义。了解过去，是了解现在的基础。理解了地球生命的来龙去脉，有助于我们更好地对待现在、把握未来。

故事讲堂

澄江，位于云南省中部，是一个风光秀丽、景色宜人的城市，拥有中国已知的第二深水湖泊——抚仙湖。

澄江古生物群以富含多个古生物门类的精美软躯体构造的化石而享誉世界，是寒武纪生命大爆发的主要见证者。在澄江古生物群发现了约 20 个门类 300 余个物种，且 80% 都属于新发现的物种，几乎所有现生动物都能在这里找到祖先，它目睹了地球动物树上几乎所有主要门类祖先的首次大聚会。澄江生物群的发现，揭示了寒武纪生命大爆发的真正含义，从根本上改变了人类原来的认知，为研究早期生命起源和演化提供了珍贵的实物材料。正如世界科学家评价的，澄江生物群将“永远是科学的大厦”，同时，也证明了地球生物多样性开始于寒武纪生命大爆发时期这一观点。

科普空间

（一）生命大爆发

地球生命的起源可追溯到几十亿年前，但在很长一段时间里，生命的形式都只有微生物和细菌，这种形式一直持续到距今 5.42 亿年的寒武纪。在地质年代划分中，寒武纪是显生宙古生代的第一个纪，持续时间约为 5200 万年。因在寒武纪岩石中发现了比其他类群丰富的矿化的三叶虫硬壳，寒武纪常被称为三叶虫时代。此外，寒武纪还发生了进化史上的重要事件——寒武纪生命大爆发。在这一时期，多细胞动物几乎同时突然地出现在海洋中，有壳动物和无颌鱼（也就是最早的无脊椎动物）进化形成。从此，地球上的生物开始了大发展时期，并且空前繁盛，海洋里出现了丰富多样且比较高级的无脊椎动物，如三叶虫等。

（二）澄江古生物化石群

距今 5.3 亿年的澄江古生物化石群位于中国云南澄江帽天山附近，是目前保存极其完整的寒武纪早期古生物化石群。帽天山化石带呈带状蜿蜒分布，这条分布带长 20 千米，宽 4.5 千米，埋藏深度在 50 米以上。2012 年 7 月 1 日，在俄罗斯圣彼得堡召开的第 36 届世界遗产委员会会议宣布：中国澄江化石地是地球生命演化的杰出范例，符合世界自然遗产标准，正式列入世界自然遗产名录。这是中国唯一的化石类世界自然遗产。

澄江古生物化石群以罕见的软躯体化石为特征。澄江古生物化石群保存在细腻的泥岩中，动物的软体附肢构造保存完整，且呈立体。已发现的澄江古生物化石分属海绵动物、腔肠动物、鳃曳动物、叶足动物、腕足动物、软体动物、节肢动物等多个动物门以及一些分类位置不明的奇异类群。此外，还有多种共生的海藻。寒武纪早期水母化石的发现，在国际上也属首次。澄江动物群对研究寒武纪早期动物的解剖构造、功能形态、生活习性、系统演化、生态环境、埋藏条件和保存方式等提供了具有重要科研价值的可靠依据。

澄江古生物化石群提供了一个完整的最古老的海洋生态群落图，对这种生态群落的认识在此之前几乎是一片空白。寒武世早期的云南澄江古生物化石群不仅保存极为完整，而且十分古老，所代表的时间非常贴近寒武纪生命大爆发事件，为揭示寒武纪生命大爆发这一生命突发性事件和为人们研究生物多样性的起源与演化这一重要科学问题提供了一个最佳的“窗口”和丰富的科学依据。

（三）恐龙时代

2.5亿至6500万年前的时代，在地质学上属于三叠纪、侏罗纪、白垩纪三个纪元，称为中生代，是爬虫类统治地球的鼎盛时代。当时地球上最繁盛的、最具代表性的物种就是恐龙（统治地球时间约1.6亿年），故中生代也被称为恐龙时代。

1 三叠纪——恐龙诞生的时代

相连的大陆和干燥的大地 三叠纪时期地球整体处于干燥炎热的气候之中，此时，忍耐干燥能力很强的爬行动物非常繁盛。在三叠纪中期至晚期，这些爬行动物中诞生了始盗龙、埃雷拉龙等最初的恐龙。哺乳动物的祖先也在这一时期诞生。现今地球上彼此分离的几块大陆，在三叠纪时是连在一起的，这一整块超级大陆被称为泛大陆。三叠纪的气候整体是干燥炎热的。一般认为，当时两极地区都没有冰层覆盖，大多数生物都生活在凉爽湿润的大陆边缘地区。

2 侏罗纪——恐龙体形增大的时代

两块大陆和热带气候 侏罗纪时期的热带气候非常稳定，由裸子植物形成的森林辽阔广袤。得益于丰富的食物，植食性恐龙和肉食性恐龙的体形均变大了。在侏罗纪晚期，名为始祖鸟的原始鸟类也出现了。从三叠纪开始的泛大陆分裂一直持续到侏罗纪。在侏罗纪早期，泛大陆分裂为北方的劳亚古陆和南方的冈瓦纳古陆。侏罗纪的气候整体上比现在温暖，南北两极也尚未冻结。因此，在海洋面积增大的影响下，地球上形成了稳定的热带气候，同时降雨也非常充沛。

3 白垩纪——恐龙繁盛的时代

若干块大陆和花儿开了 白垩纪时期，恐龙的种类持续增加，各种各样的恐龙统治着陆地。劳亚古陆和冈瓦纳古陆进一步分裂成若干块大陆，北美大陆分裂为西方的拉腊米迪亚古陆和东方的阿巴拉契亚古陆。不同的恐龙便在各个大陆上独自演化，进而丰富了恐龙的种类。在白垩纪的天空中，取代翼龙的是日渐繁盛的鸟类。到了白垩纪末期，恐龙大量灭绝。白垩纪的气候虽然维持着温暖的水平，但是随着大陆的分裂，部分地区出现了冬季寒冷、春季温暖的气候，并出现了四季变化。在这些地区出现了能够开花的被子植物。依靠恐龙和昆虫传播花粉和种子，被子植物的生长范围逐渐扩大。

楚雄州享有“恐龙王国”“化石之仓”的美誉。从1938年在禄丰沙湾地区发现我国第一具完整的恐龙骨骼化石至今，在楚雄州2.93万平方千米的大地上，已经出土了410多具恐龙个体化石，其中较完好者70余具，并发现了大量的恐龙足印化石，尤其是侏罗纪的恐龙，现在已知的有14种，占全国早侏罗世恐龙的64%。楚雄州也是世界上同期恐龙化石保存最好的两个地点之一（另一地点在南非共和国）。

探究实践

我是小考古学家

1999 年，由我国科学家在云南发现的海口鱼化石是至今发现的最古老的鱼类，也是世界上已知的最古老的脊椎动物。科学家们借助地层中的化石一点点复原出各种生物的样貌、它们当年的生活环境，研究生物是怎样变化的，了解生物的多样性。

化石不只存在于山地之中，它和我们的生活息息相关，我们使用的能源、建筑材料中也常常能发现化石的痕迹。我们每天的生活都离不开化石，让我们一同来发现身边的化石吧。

化石探索表

发现时间	发现地点	形态描述	与现在的对比	年代推测

例子：

三叶虫化石

1 云南化石产地

同学们可能知道我们云南被称为“动植物王国”和“有色金属王国”，但是你们知道吗？云南还有一个很重要的名称——“化石王国”。

云南有很多重要的化石产地，你们知道在哪儿吗？这里的化石各有什么不同呢？就让我们一起去探索吧！

化石产地探索表

化石产地	主要化石类型	化石的年代
澄江帽天山	多门类的无脊椎动物化石	寒武纪

举例：

化石产地 1：澄江帽天山。

化石产地 2：罗平。

化石产地 3：禄丰。

禄丰不只有恐龙。一平浪煤矿，还有恐龙吃的植物（蕨类）化石。你们能够发现并找到它们吗？

化石产地 4：寻甸先锋煤矿。

2 孑（jié）遗生物

同学们听过“活化石”这个说法吗？它们是从古时起就生活在地球上的生物，它们存在的年代跟化石一样长。它们的学名是孑遗生物。在云南就有很多这样的孑遗生物，你能找到它们并发现它们故事吗？

孑遗生物调查表

生物名称	形态描述（或拍照，或绘图）	可追溯到的存在年代
水杉	落叶乔木，高达 35~41.5 米，胸径达 1.6~2.4 米；树皮灰褐色或深灰色，裂成条片状脱落；小枝对生或近对生，下垂。叶交互对生，在绿色脱落的侧生小枝上排成羽状二列……	白垩纪

举例：

西畴青冈、鳄鱼、桫椤等。

我们了解云南古生物主要通过野外和室内两个阶段。野外阶段主要是采集标本和收集观察资料，着重观察收集古生物的分布、埋葬、群落结构等资料，往往要在野外进行定量的采集和观察并多作素描和照相。室内阶段包括对化石的鉴定描述和专题研究。鉴定过程包括磨制、修理、鉴定、照相、描述等一系列程序。在研究云南古生物多样性方面，你还有其他方法吗？

收获成长

你觉得自己的表现可以得几颗星？用你喜欢的颜色涂一涂小星星吧！

任务	可以得几颗星
了解帽天山动物化石群的故事	☆☆☆☆☆
了解云南的几个化石产地及其特点	☆☆☆☆☆
了解孑遗生物	☆☆☆☆☆
了解什么是寒武纪生命大爆发	☆☆☆☆☆
了解澄江化石群的重要价值和意义	☆☆☆☆☆
了解恐龙时代的自然环境	☆☆☆☆☆

第二课

云南的生物多样性

云南特殊的地理区位、复杂的地形地貌、多样的气候条件等自然环境，孕育了云南的生物多样性。云南属于全球 36 个生物多样性热点地区，是北半球生物多样性最丰富的地区之一。

云南也是中国生物多样性最为丰富的省份，素有“动物王国”“植物王国”和“世界花园”的美誉，是中国重要的生物资源基因库，也是中国西南重要的生态安全屏障。

云南面积仅占全国总面积的 4.1%，却涵盖了地球上除海洋和沙漠外的所有生态系统类型，堪称世界生态系统类型的缩影。在物种多样性层面，云南的各大生物类群物种数均接近或超过全国的一半，其中一部分为云南特有或在我国仅分布于云南。可以说，丰富、特有、脆弱，是云南生物多样性的三大特点。

故事讲堂

大家先来猜一个谜语：“说它像鸡不是鸡，尾巴长长拖到地。开起屏来像扇子，花花绿绿真美丽。”今天我们就来一起讲讲孔雀的故事。日常生活中我们在动物园、农场、博物馆里看到的孔雀脖子上的羽毛像蓝色的丝绸一样，头上羽毛被称为冠羽，像打开的小扇子一样，脸蛋主要是白色的。蓝孔雀是我们日常生活中最常见的孔雀。今天我们要讲的是绿孔雀，头上的冠羽是束状的，脸颊上有一抹亮丽的橘黄色，脖子有着龙鳞般的花纹，傣族的先民也管绿孔雀叫“龙鸟”。

绿孔雀是一种非常美丽的鸟，它们是傣族的民族图腾，也具有很多美好的文化寓意。由于绿孔雀羽毛还泛着金色的光，傣族又管绿孔雀叫金孔雀。有一首美妙的歌《金孔雀》："金孔雀，轻轻地跳。碧绿的羽毛金光照，展翅开屏河边走。"

头顶直立冠羽、身披绚丽覆羽的绿孔雀，是我国现今唯一的本土原生孔雀，属国家一级保护野生动物，目前仅分布于云南省的中部、西部和南部地区，主要栖息在红河、澜沧江与怒江流域的河谷区域，被国家及云南省列为极小种群物种加以保护。2021 年 10 月 9 日，云南省人民政府新闻办公室举行的新闻发布会介绍，绿孔雀野生种群已由 2017 年的不足 500 只恢复到 555 只至 600 只，数量稳中有升。

科普空间

（一）云南生物多样性的丰富性

云南是我国物种最丰富的省份，种类丰富，新类群比重大，各类群的物种数均接近或超过全国一半，物种总数中 30% 以上的动植物类群为新分类类群，为全国之冠。云南拥有大量珍贵的遗传基因，许多经济价值高、利用范围广的栽培植物与家养动物，都能在云南找到野生类型或近缘种。云南生态系统类型多样，堪称世界生态类型的缩影。云南面积仅占全国总面积的 4.1%，但却有 12 个植被型、34 个植被亚型、445 个群系和数量众多的植物群丛。它们涵盖了从热带到寒带，从水生、湿润、半湿润、半干旱到干旱，从自养到异养的各种生物种类和生态类型。

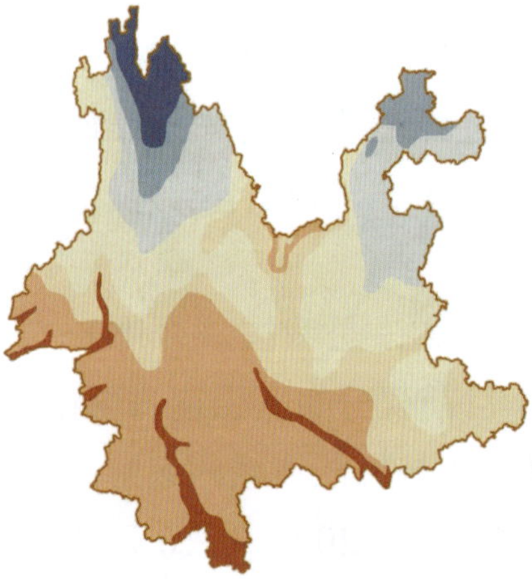

注：本图仅为示意图，不作为地图，不作为划界依据。

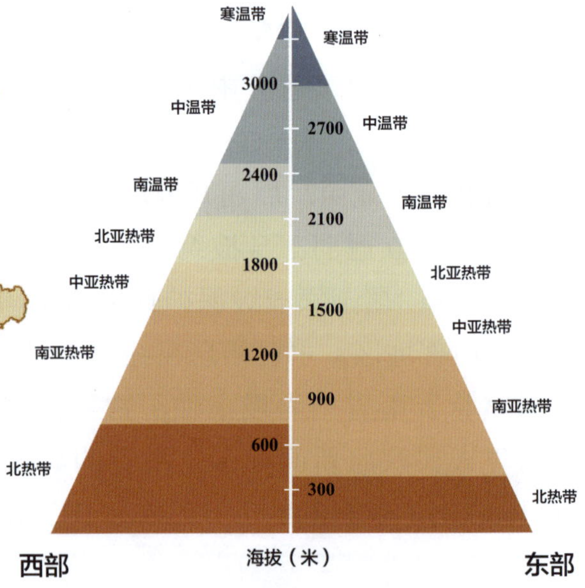

（二）云南生物多样性的特有性

云南物种特有现象十分突出，植物区系地理成分构成复杂，起源古老。云南是中国被子植物特有属的高频率区，超过其他省份。云南生态系统的特有性非常明显。由于云南生态环境复杂、多样，植物类群分化发展激烈，形成了众多的地区特有属和特有种。尤其是滇西北横断山区、干热河谷地区、滇东南岩溶地区及迎东南季风热带山地，植物特有属和特有种相对集中，其中不少种类是云南植被有关类型的建群种、优势种或标志种。

（三）云南生物多样性的脆弱性

云南地理条件复杂多样，同一区域不同生境类型差异很大，不利于物种种群的增长和扩散，却有利于物种的分化和新种的形成。但种群小而且数量少，物种容易濒危或灭绝。云南特有物种地理分布狭窄，某些物种仅分布于某一狭小区域，过分依赖特殊的生物依赖生存的环境，抵抗外界干扰能力低，遇到自然灾害和人为破坏，极易陷入濒危状态甚至灭绝。同时，云南的生态系统类型非常丰富，但系统空间小，抗干扰能力较弱。云南特殊的地质构造与地形地貌、复杂的气候环境，尤其是高海拔、气候寒冷、山高坡陡等因素，导致植被恢复和演替非常缓慢，一旦破坏极难恢复。

探究实践

（一）调查云南特有的动植物

云南是全国植物种类最多的省份，不仅有热带、亚热带、温带、寒温带植物，还有许多古老的、衍生的、特有的以及从国外引种的植物。全国近 3 万种高等植物，云南就有 1.8 万种，占全国总数的一半还多。同时，动物资源受气候和植物分布的影响，种类繁多，成分复杂，多珍贵稀有动物，在国家重点保护动物中，云南几乎占了一半。在你生活的小区里、学校里、附近的公园和村庄等地方，生活着许许多多的云南特有动植物，它们是什么？请你选择一个区域，带上云南特有生物多样性调查记录表、放大镜、望远镜等工具，用看一看、摸一摸、闻一闻、听一听、拍一拍等方法调查你身边的云南特有生物多样性！

校园 / 小区 / 公园 / 村庄植物或动物调查记录表

时间：		地点：		
动物或植物的名称	数量	发现地点	图片	备注

（二）制作身边的动植物标本

云南省拥有丰富的自然资源，素有“植物王国”“动物王国”“药材之乡”等美誉。让我们来制作校园、小区、公园、村庄的动植物标本吧！

制作校园 / 小区 / 公园 / 村庄动植物标本

设计者：
需要的材料： 标本制作的过程：
贴一贴标本照片：

除了以上的探究实践活动外，我们还有很多方法了解与保护云南特有生物多样性，如给小区的植物贴上标签等。保护云南特有的生物多样性，你还有其他方法吗？

收获成长

你觉得自己的表现可以得几颗星？用你喜欢的颜色涂一涂小星星吧！

任务	可以得几颗星
了解“青藏高原的隆升”的故事	☆☆☆☆☆
完成云南特有的动植物调查	☆☆☆☆☆
制作动植物标本，并安置在合适的区域	☆☆☆☆☆
了解云南特殊的自然环境孕育了云南的生物多样性	☆☆☆☆☆
了解云南生物多样性的丰富性、特有性和脆弱性	☆☆☆☆☆

第三课

云南多彩的民族文化与生物多样性的关系

特殊的气候特点、复杂的地形地貌，不仅孕育了云南独特的生物多样性，而且滋养着云南众多的民族，孕育出多彩多样的民族文化。云南民族众多，民族文化多样性极为丰富。在长期的生产生活实践中，各民族的居住、饮食、医药、文化、宗教、风俗中积累了大量生物资源保护利用的传统知识与技艺。各个民族多样化的文化和传统都与生物多样性紧密联系在一起，这些文化和传统源于自然，又与自然和谐共生，有效地促进了云南生物多样性的保护与可持续利用。

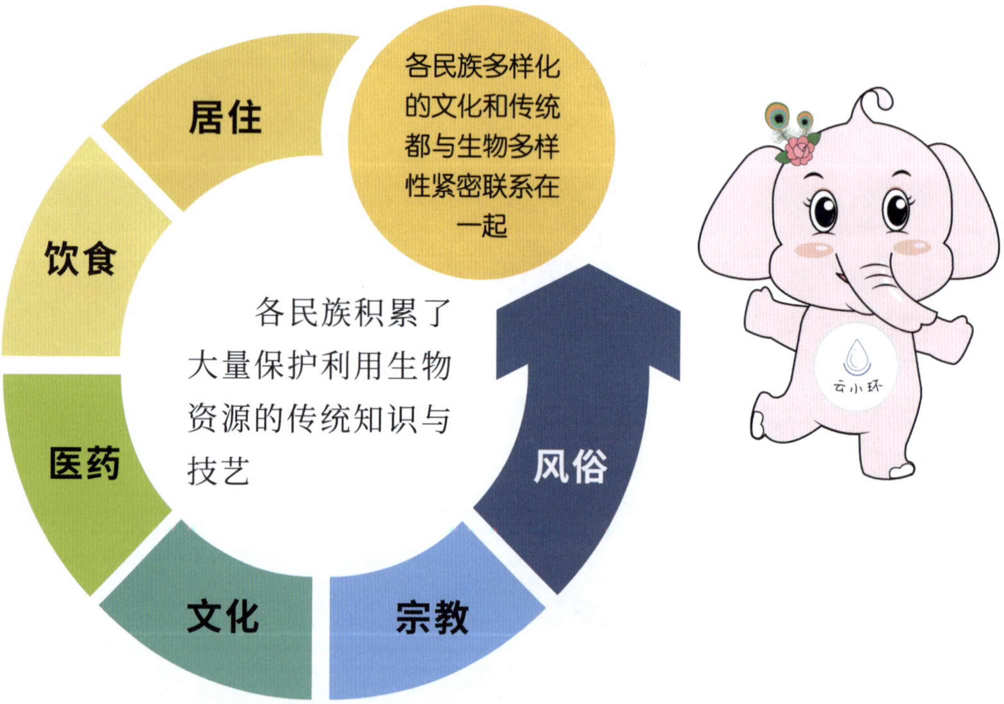

故事讲堂

300年前的一天，天刚蒙蒙亮，居住在丽江的纳西族妇女便开始劳作。她们身披七星羊皮，正在制作一种家喻户晓的烙饼——丽江粑粑。丽江粑粑不易变质，是茶马商队的主粮。家里的男人们带上厚厚一沓丽江粑粑，背着要送往西藏地区的茶叶和盐，骑上善走山路的丽江马，踏上世界上地势最高的贸易通道——茶马古道。

西双版纳是茶马古道的起点，这里有六大古茶山，是普洱茶的发源地。布朗族、基诺族、哈尼族生活在这里，他们善于种茶制茶。制好的普洱茶饼先后由白族、纳西族、藏族等不同民族组成的马帮商队，通过茶马古道向不产茶的北部运输。普洱茶在颠簸的马背上翻越横断山脉，接近半年的继续发酵，到了藏族人民聚居地，成为藏族人民每天必不可少的饮品。

如今，茶马古道上马帮的铜铃声已越来越远，但其传统和文化已深深植入我们的生活。

科普空间

云南省有 25 个世居少数民族，其中 15 个少数民族为云南省特有，是我国世居少数民族最多的省份。各个民族有着独特的语言、饮食习惯、建筑风格、服饰元素、节庆习俗、宗教文化等，这为云南民族文化的多样性奠定了基础。

（一）多样的民族美食

大理雕梅

食物有故乡，人亦有乡情。

云南素有“动物王国”“植物王国”“香料王国”“食用菌王国”和“药材之乡”的美称。丰富的生物资源为云南民族饮食提供了丰富的食材。据《中国名菜谱》记录，有 55 道滇菜含淡水鱼，47 道滇菜含兽类、鸟类和昆虫，46 道滇菜含食用菌、食用花和野菜。云南丰富的生物多样性，在滇菜上可见一斑。

白族制作的雕梅闻名全国。白族人民摘取鲜青梅，经清石灰水浸泡，精心去核，再用上等红糖浸渍数月制成雕梅。

舂菜是景颇族的传统小吃。将烤制的肉食、时鲜蔬菜，配合辣椒、大蒜等放入舂桶内，舂成丝茸状。鲜香味醇，十分有民族风情。

生活在文山的壮族人民用一种细叶芹和野菜制作成水腌酸菜汤，称为“岜（bā）夯（hāng）”。“岜夯”为壮语，即酸汤。因为酸味奇特，所以被称为“文山一绝”。

傣族人民喜爱制包烧食物。包烧是一种古老的烹饪方法，用天然的芭蕉叶作为烹饪工具，将食物包在其中，放在炭火塘中烤熟。这种烹饪方法，不会造成营养物质的流失，其中加入的香料还能使食物的口味更鲜香纯正。

傣族包烧

藏族酥油茶

酥油茶是藏族家庭必不可少的饮品。一杯浓郁香醇的酥油茶既能提供充足的热量，又能消食解腻。

傣族传统泡菜

五颜六色的傣族传统泡菜有荤有素，除了常见的凉拌黄瓜、萝卜，还有凉拌鸡脚、凉拌炸猪皮，甚至凉拌水果，如凉拌青芒果、菠萝、李子、青木瓜等。

怒江傈僳族人以当地漆树籽榨油，烹制漆油炖鸡等食物。

哈尼族人利用竹筒烹饪鸡肉，制法古朴自然，历史久远。做出来的鸡肉既滋润嫩滑，又有青竹的清香。

怒族人和独龙族人用当地出产的石板做平底锅，烤制出风味十足的石板粑粑。哈尼族人用当地一种奇石烧红放进汤里制出“桑拿肉片”。还有拉祜族的香茅草烤牛肉、怒族的“斜拉”、白族的木瓜焖鸡……

云南的民族饮食真是多种多样，兼具独特的风味和民族特色，内涵丰富且特色鲜明，在中国饮食文化中独树一帜。

（二）多样的民族农业

云南地形复杂，在不同的生态环境下产生了不同的农业生产方式，造就了绚丽多彩的民族农业。

生活在怒江峡谷的傈僳族，在高山创造出了“刀耕火种”的原始农业生态系统。

迪庆藏族自治州是云南海拔最高的地区，气候寒冷，空气稀薄。面对恶劣的自然环境，藏族人种植耐寒耐旱的青稞、燕麦、马铃薯等；饲养牦牛、高原黄牛和绵羊，将雪域高原变成了云南最大的天然牧场。

高山牧场

生活在红河南岸的哈尼族，在半山区开垦了梯田。放眼望去，层层梯田从山脚一直延伸到超过 2000 米的高山山顶，连绵不断，最多处达 3700 级。为了解决梯田的灌溉难题，在 1300 多年前，哈尼族人发明了复杂的沟渠系统，通过沟渠系统能将山上的水从山顶引至各级梯田。哈尼族人还创造出了一个完整的农作体系，包含水牛、鸭、鱼类等，并生产出当地的特产谷物——红米。梯田能有效地防止水土流失，在进行耕地劳作的同时保护森林，实现人与自然和谐共处。

生活在热带雨林的傣族是最早种植水稻的民族之一。1000 多年前，傣族人就学会了使用牛耕和象耕。他们每年都设有休耕期，在休耕期间，土壤中的细菌、真菌大量分解有机物，产生无机盐，从而恢复土壤的肥力，巧妙避免了施用化肥，使自然资源能可持续利用。

（三）多元的民族工艺

云南的动植物资源十分丰富，各民族人民就地取材，发展出各具特色的民族工艺。

纳西族人所造的东巴纸，被誉为人类手工造纸“活化石”。东巴纸的原料是当地独有的植物丽江荛花，经过晒干、浸泡、蒸煮等工序制成。东巴纸厚实、经久耐用、抗蛀性强，在自然条件下能保存数百年而不朽，是当今世界上最古老、最原始的手工纸之一。

东巴纸艺术品

傣族人所造的纸是用构树皮加工而成的，纸薄而柔软、韧性好，可以用于剪纸、制作孔明灯等。如今，这项独特的傣家传统工艺被发扬光大，不只用于书写、绘画，灯笼、油纸伞等传统手工艺品也常用构树皮纸制作而成。

白族的扎染十分有名。白族人用苍山上生长的蓼蓝、板蓝根、艾蒿等天然植物做成靛蓝溶液，再将白布用线缚扎，做出有皱褶的纹路，浸入染缸里浸染。如此反复浸染晾干，便会出现蓝底白花的图案。

制作中的扎染作品

扎染坊

（四）多彩的民族歌舞

云南各族人民在长久以来的生活中，在不断和大自然的互动中，创造了众多风格独特且鲜明、古朴而原生态的歌舞。

彝族的烟盒舞起源于狩猎，是对野兽动作的模仿；白族的田家乐舞蹈则是对犁田耕地动作的模仿，舞蹈生动地再现了劳作时的场景；蜂桶鼓舞是佤族在重大节日里必跳的舞蹈，佤族人民把蜂桶的两端用牛皮绷紧，舞者用手击打桶身、鼓面，脚迈出不同的欢快的舞步，表达他们对生活的热爱；傈僳族人民模仿山羊习性动作创作出“阿尺目刮”，舞姿生动形象，情绪欢乐热烈，富于变化，充分表现了傈僳族人民对山羊的喜爱以及不惧恶劣生存环境的乐观向上精神，保留了浑厚古朴的原始艺术风格和特色；傣族喜居水边，歌水舞水，呈现出傣族似水的民族气质，赞颂生命之源，强调和谐共生。

民族歌舞反映出人们敬畏大自然、追求人与自然和谐相处的思想。这些原生态的舞蹈一直保留至今。

白族舞蹈

烟盒舞道具

探究实践

1. 你的家乡在哪里？你的家乡有什么民族美食呢？

2. 你去过云南的哪些地方？当地的美食给你留下哪些深刻的印象？

城市或地区	民族	美食

在漫长的生活中，无论居于高山还是深谷，无论处于平坝还是山巅，无论是否滨河依水而居，人们都将自己视为生态系统中的一部分，崇尚自然、热爱自然，大自然也影响着各民族文化的发展。人们通过自己的想象、创造和劳动，使人类文化深深地打上了生物多样性的烙印。无论是传统文化，还是千百年来形成的生活习俗，多元的云南民族文化对促进当地生物多样性的保护起到了积极的作用。

收获成长

你觉得自己的表现可以得几颗星？用你喜欢的颜色涂一涂小星星吧！

任务	可以得几颗星
了解云南民族美食	☆☆☆☆☆
记录你在家乡和云南某地区品尝过的云南美食	☆☆☆☆☆
了解云南民族农业	☆☆☆☆☆
了解云南民族工艺	☆☆☆☆☆
了解云南民族舞蹈	☆☆☆☆☆

第三单元

生态文明与生物多样性

第一课

人与自然和谐共生

2017 年 12 月 1 日，习近平总书记在中国共产党与世界政党高层对话会上的主旨讲话中指出：我们应该坚持人与自然共生共存的理念，像对待生命一样对待生态环境，对自然心存敬畏，尊重自然、顺应自然、保护自然，共同保护不可替代的地球家园，共同医治生态环境的累累伤痕，共同营造和谐宜居的人类家园，让自然生态休养生息，让人人都享有绿水青山。

故事讲堂

人与自然和谐共生的云南实践——亚洲象北上南归。

亚洲象是亚洲现存最大和最具代表性的陆生脊椎动物，也是云南的“原住民”之一。亚洲象在云南已经生活了很长的时间，其间，人象和谐，共存共生。并且，通过几十年的保护，云南的野生亚洲象数量由20世纪七八十年代的150头左右增长至2022年的300多头。

2020 年 3 月，16 头野生亚洲象离开西双版纳国家级自然保护区，开启了它们的探险之旅。当年 12 月，象群在途经普洱时产下一头象宝宝，数量变为 17 头。象群从雨林出发，一路北上，它们翻山越岭，穿过城市和村寨。它们无拘无束，漫步山谷田野。

2021 年 4 月，两头公象结伴提前折返回家。剩下的伙伴们结束了 1400 多千米的行程，安全回到了雨林老家。

这一路，象群打卡了玉溪、红河、昆明 3 个州（市）8 个县（区）。2.5 万多人次警力和工作人员为它们“保驾”，973 架次无人机、1.5 万多台次应急车辆为它们的旅程“护航”。疏散转移群众 15 万多人次。它们一路上被投喂了近 180 吨“零食”，包括盐水、香蕉、菠萝和玉米等。

其实，人与自然和谐共处的故事还有很多，离我们最近的就是城市里的“生物邻居”了。让我们走进城市，共探人与自然和谐共生的故事吧！

科普空间

（一）什么是城市生物多样性？

城市生物多样性是生物多样性的特殊组成部分，是城市生物之间、生物与生态环境之间、生态环境与人类之间复杂关系的体现。

（二）哪里可以观察和体验城市里的生物多样性？

1. 城市绿地： 公园、湿地、城市行道、小区绿化带、植物园等。

2. 城郊： 农田、果园等。

3. 城市水体： 河道、湖泊、池塘等。

4. 博物馆： 历史博物馆、地质博物馆、农业博物馆、动植物博物馆、美术馆等。

5. 超市、市集等： 大型超市、菜市场、城郊集市、餐馆菜品展示柜等。

（三）《生物多样性公约》与缔约方大会

1.《生物多样性公约》

为了保护地球环境，1992 年 6 月 5 日，在巴西召开的联合国环境与发展大会上通过了“里约三公约”——《生物多样性公约》《气候变化框架公约》《防治荒漠化公约》。其中，《生物多样性公约》是一项关于保护地球生物资源的国际公约，旨在保护生物多样性、可持续利用生物多样性及其组成部分，公平合理地分享由利用遗传资源而产生的惠益。中国是全球最早加入《生物多样性公约》的国家之一。

2.《生物多样性公约》缔约方大会

目标一　保护生物多样性

目标二　对生物多样性及其组成部分的可持续利用

目标三　遗传资源的获取及惠益公平公正的分享 (ABS)

联合国《生物多样性公约》缔约方大会是全球履行该公约的最高决策机构，一切有关履行《生物多样性公约》的重大决定都要经过缔约方大会的通过。

《生物多样性公约》缔约方大会第十五次会议（COP15），是联合国首次以生态文明为主题召开的全球性会议。这场在云南召开的大会以“生态文明：共建地球生命共同体”为主题，旨在倡导推进全球生态文明建设，强调人与自然是生命共同体，强调尊重自然、顺应自然和保护自然，努力达成公约提出的到 2050 年实现生物多样性可持续利用和惠益分享，实现“人与自然和谐共生”的美好愿景。

COP15 会标融合中国的剪纸艺术和印章文化以及各种自然符号，组成一滴“水滴”，也是一粒“种子”的形状。“水滴”意味着水是生命之源，是万物之源，“水滴”中包含身着民族服装的小女孩、大熊猫、孔雀、蝴蝶、梅花、浪花等元素。以甲骨文为背景，反映了生物多样性和文化多样性，契合大会主题“生态文明：共建地球生命共同体”，完美契合了《生物多样性公约》“人与自然和谐共生”的 2050 年愿景和全球共建生态文明的愿望。会标右下角的“中国昆明”印记，既表明了本次 COP 的举办地，也展示了独具特色的中国印章文化。

3. 国际生物多样性日

生物多样性是地球上生命经过几十亿年发展进化的结果，是人类赖以生存的物质基础。为了保护全球的生物多样性，1992 年，153 个国家签署了《生物多样性公约》。1994 年 12 月，联合国大会通过决议，将每年的 12 月 29 日定为“国际生物多样性日”，以提高人们对保护生物多样性重要性的认识。2001 年 5 月 17 日，根据第 55 届联合国大会第 201 号决议，国际生物多样性日改为每年的 5 月 22 日。

请同学们查阅资料，了解历届《生物多样性公约》缔约方大会的举办地及取得的成就，或者历年来国际生物多样性日的主题。请尝试为下一届的《生物多样性公约》缔约方大会设计一个会标并向大家介绍你的设计理念。

探究实践

（一）调查城市生物

我们常用“钢筋水泥的丛林”来形容城市。其实，我们生活的城市中，并非只有忙碌的人类与车水马龙，还有不少野生的“精灵”和我们共享着城市空间。它们可能在大厦的楼顶上、立交桥的缝隙中，也可能在城市公园、学校里、小区里……

它们是谁？它们还会在哪儿？请你选择一个区域，带上城市生物多样性调查记录表、放大镜、望远镜等工具，用看一看、摸一摸、闻一闻、听一听、拍一拍等方法调查你身边的城市生物多样性吧！不要忘了土壤里的“居民”哦！

城市生物多样性调查记录表

时间：		地点：		
动物或植物的名称	数量	发现地点	图片	备注

（二）给鸟儿建个“家”

根据《中国生物物种名录（2022 版）》，中国有鸟类 1445 种，云南就有 945 种，其中 112 种仅分布于云南。有些鸟是天生的捕虫高手，是农民的好帮手；有的鸟是森林卫士，捕食森林害虫；人类还可以根据鸟的结构发展仿生科学……清晨，鸟儿清脆的叫声是大自然给我们的馈赠。让我们来为小鸟建个“家”，并把建好的“家”安置到小区合适的位置，以此来增加小区的生物多样性吧！

注：本图仅为示意图，不作为地图，
不作为划界依据。

给鸟儿建个“家”

设计者：
需要的材料：
鸟巢的形状：
鸟巢的颜色：
画一画鸟巢设计图：

除了以上的探究实践活动，我们还有很多方法可以用来了解与保护城市生物多样性，如种植一棵属于你生活的城市的本土植物、和小伙伴一同为社区提意见、建设小区生态廊道等。选取身边的一小片荒地（或者野花带），仔细观察它的四季变化、到访的昆虫和小鸟。如果可以的话，可以为这片荒地围上小篱笆。

保护城市生物多样性，你还有其他方法吗？

收获成长

你觉得自己的表现可以得几颗星？用你喜欢的颜色涂一涂小星星吧！

任务	可以得几颗星
了解“象群北上南归”的故事	☆☆☆☆☆
完成某一区域城市生物多样性调查	☆☆☆☆☆
为小鸟建一个“家”，并安置在合适的区域	☆☆☆☆☆
了解什么是城市生物多样性以及城市生物多样性受威胁的原因	☆☆☆☆☆
了解《生物多样性公约》及《生物多样性公约》缔约方大会	☆☆☆☆☆

第二课

山水林田湖草沙冰，共建美丽家园

2021年10月12日，在云南昆明举办的《生物多样性公约》第十五次缔约方大会领导人峰会上，国家主席习近平在主旨讲话中这样说：要解决好工业文明带来的矛盾，把人类活动限制在生态环境能够承受的限度内，对山水林田湖草沙进行一体化保护和系统治理。

我国幅员辽阔，自然资源丰富，囊括了山地、河流、森林、湿地、湖泊、草原、沙漠、冰川等地球上几乎所有的自然形态。自然生态本身就是一个浑然天成的系统，山水林田湖草沙冰相互依存，紧密联系。

故事讲堂

壮观的元阳梯田，是千百年来哈尼族根据生产生活实践，探索出的独特的土地利用方式。元阳的哈尼梯田在森林、村寨、梯田、水系“四素同构”的农耕体系下，实现了人与自然和谐共生：山顶的森林涵养水源，汇成溪流，泉水流入沟渠，为山腰的村寨生活用水和村寨下方的梯田灌溉提供水源；山顶与山脚有近2千米的海拔差，山底的河流因高温蒸发产生的大量水蒸气，随热气团层层上升至森林上空，再形成雨水降落，水顺着梯田层层下注、不断净化，最终汇入河流，形成了周而复始、循环无尽的自然生态系统。

“人的命脉在田，田的命脉在水，水的命脉在山，山的命脉在土，土的命脉在林和树。”习近平总书记的这句话，是对哈尼梯田的写实。哈尼梯田，就是对“山水林田湖生命共同体”的生动实践。

科普空间

（一）什么是生态系统?

在一定的空间内，由生物群落与它们的非生物环境相互作用而形成的统一整体，叫作生态系统。生态系统的空间范围有大有小。如一片森林、一个湖泊、一片草原、一条河流、一块农田等，都可以各自成为一个生态系统。地球上的全部生物及其非生物环境的总和，构成地球上最大的生态系统——生物圈。

生态系统类型众多，一般可分为自然生态系统和人工生态系统。自然生态系统可进一步分为水域生态系统和陆地生态系统：水域生态系统主要包括海洋生态系统和淡水生态系统（池塘、湖泊、河流）；陆地生态系统主要包括极地生态系统、荒漠生态系统、草原生态系统、森林生态系统等。人工生态系统则可以分为农田生态系统、城市生态系统等。地球上最大的生态系统是生物圈，它包括大气圈的下层、岩石圈的上层和整个水圈。

（二）生态瓶

生态瓶，就是将少量的植物、以这些植物为食的动物和其他非生物物质放入一个瓶中，形成的一个人工模拟的微型生态系统。在生态瓶内，小动物以绿色植物为食，吸收植物光合作用释放出的氧气。植物则依靠自身的叶绿素，利用阳光、水和小动物呼出的二氧化碳进行光合作用，合成自身需要的葡萄糖，同时释放出氧气。小动物排出的粪便由细菌分解，分解后的粪便正好是绿色植物的肥料。大家相辅相成，得以长期共存。

探究实践

（一）自制山水林田湖草沙冰模型

山水林田湖草沙冰是一个生命共同体，它们共同构成相互依存、有机联系的整体，为人类文明得以延续提供了物质基础和必要条件。请同学们利用家里的废旧物品，自制一个有山、有水、有林、有田、有湖、有草、有沙、有冰的生态系统模型，并向大家展示讲解你的模型，说一说你对山水林田湖草沙冰的理解。

山水林田湖草沙冰模型设计图

设计者：
需要的材料：
设计图：

小游戏 请把动物送回家

想一想，下面的这些小动物，你会把它送到山里、水里、林海里、田里、湖里还是其他地方？

山　　水　　林海

（1）滇金丝猴、蜂猴、印度野牛、白眉长臂猿。

（2）金线鱼、大头鲤。

（3）双角犀鸟、黑颈鹤、红腹锦鸡。

（4）蚯蚓、蚂蚁。

田　　湖　　其他

除了以上这些小动物，请把你知道的动物介绍给你的小伙伴听，并让他说一说该把小动物送去哪里。

（二）自制一个微型生态系统

你知道“生物圈 2 号”这个实验吗？1994 年，8 名科学家走出了生活两年的“迷你地球”——“生物圈 2 号”。“生物圈 2 号”被称为世界上最大的试管，它坐落在亚利桑那沙漠，由玻璃和钢铁制成，约 5 层楼高，里面有许多动植物。这些植物不仅为在里面工作的人员提供必要的食物，还把人类和动物呼出的二氧化碳重新变成氧气。科学家在“试管”里进行了大量的科学实验，得到了一大批宝贵的数据。虽然，氧气的循环不像预料的那样好，必须两次从外面输入纯氧，不过就这次实验本身来说，已经是一大奇迹了。

看到这里，你一定对生物系统的实验产生了浓厚兴趣，不妨动手做一个生物系统的实验吧。

制作步骤：

挑选有盖子可以密封的玻璃瓶：玻璃瓶越大越好，容积越大，生态系统越稳定，瓶子不能小于500毫升。

挑选水草（生产者）：水草种类成百上千，可以在花鸟鱼虫市场购得，也可以在公园池塘里采集。

挑选动物（消费者）：生态瓶最佳的伴侣，是各种迷你的螺……可以在花鸟鱼虫市场选购观赏用的苹果螺，或者从公园池塘里采集一些小型的螺。

挑选底沙：沙子间的缝隙可以让大量硝化细菌附着，可以把动植物产生的废物中的有机物分解成无机物。沙子可以去花鸟鱼虫市场选购，也可以用筛子在沙池或者河岸边筛选。取回家后，必须把沙子搓洗干净直到水不再浑浊。

把沙子装入玻璃瓶中：占据瓶子五分之一到四分之一，小心地加水到瓶身三分之二处。

用镊子或筷子小心地把水草插入沙子里，然后放入小螺。

每天观察生态瓶中的变化，用手机拍摄，用文字记录生态瓶中生物的变化，看看你的生态瓶能维持多久。

瓶子要放在光线充足的地方，最好的地方是散射光充足的窗边或桌子上。

收获成长

你觉得自己的表现可以得几颗星？用你喜欢的颜色涂一涂小星星吧！

任务	可以得几颗星
了解“元阳梯田关于山水林田湖的生动实践”	☆☆☆☆☆
自制山水林田湖草沙冰模型	☆☆☆☆☆
完成小游戏：请把动物送回家	☆☆☆☆☆
自制一个微型生态系统	☆☆☆☆☆
掌握生态系统及生态瓶的概念	☆☆☆☆☆

第三课

爱护我们的家园

地球是太阳系中由内至外的第三颗行星，也是目前已知的唯一孕育和支持生命的天体。地球表面大约 29.2% 是由大陆和岛屿组成的陆地，剩余的 70.8% 被水覆盖。生物多样性，让地球充满了生机，也让人类在此生存、繁衍和发展。让我们一起保护生物多样性，守护地球家园。

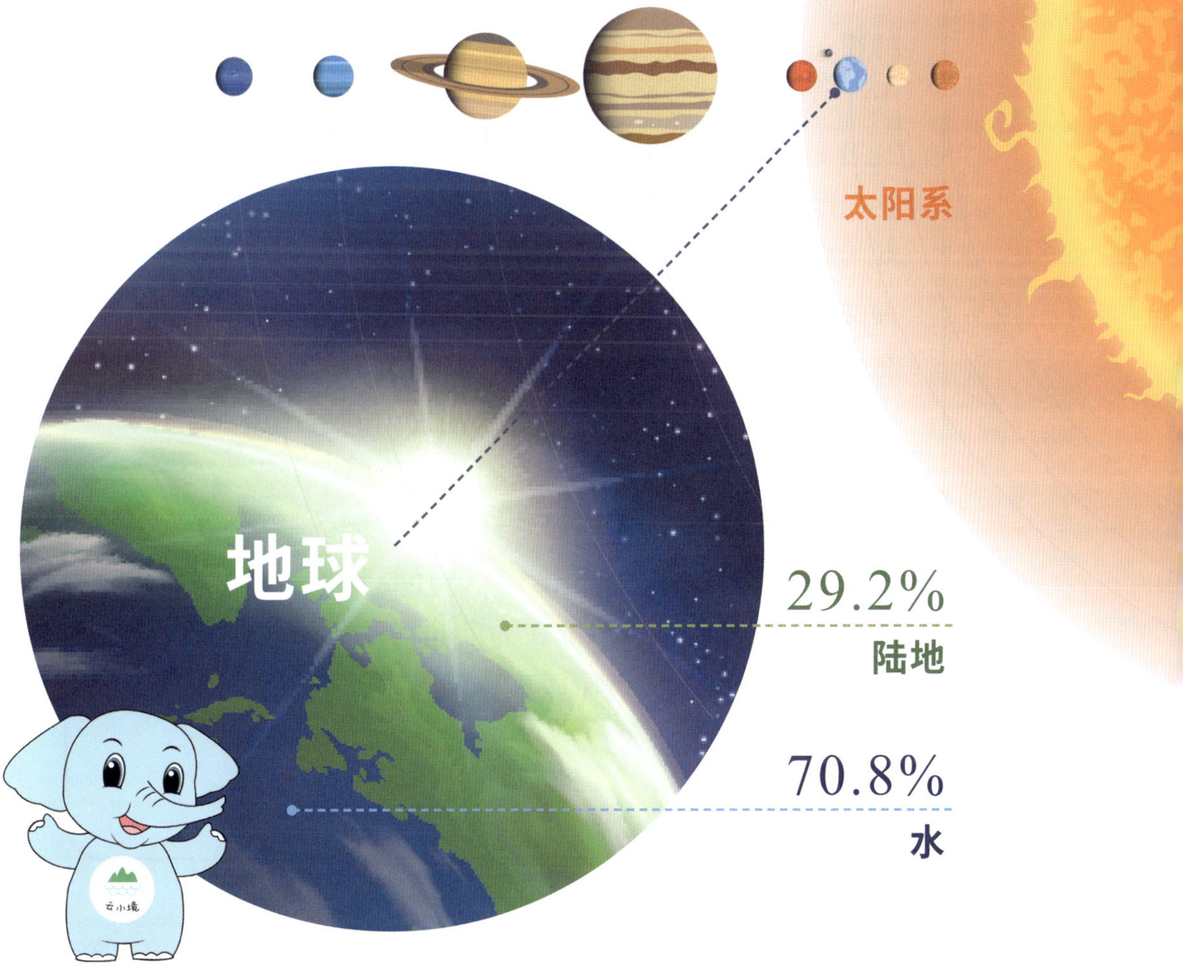

故事讲堂

在云南施甸，有一个地方叫大亮山。很多年前，人们对森林乱砍滥伐，导致这里的生态受到严重破坏，山光水枯，荒凉空旷，山石裸露，雨季时还有山洪暴发。一位老爷爷，在他退休后的第三天，带着16个人、18匹马，驮着被褥和锅碗瓢盆，提着砍刀锄头，来到了大亮山“安营扎寨”。从这天起，他带领大家植树造林，一干就是22年。经过多年的坚持和努力，大亮山的森林覆盖率从20世纪60年代的17%，到如今的97%以上。这位老爷爷的名字，叫杨善洲。他用生命最后的22年时间，为大亮山披上了绿装，留下了56415亩森林、1900多万棵树。植物种类从单一的华山松到多样化的林木和果树，不仅提高了当地老百姓的经济收入，生物种类和数量也得到了极大增加。大亮山林场的珍稀动物有黑熊、豹子、猕猴、野鸡等，植物有桫椤、银杉、楠木、白杏、雪松等。杨善洲爷爷绿化荒山的事迹鼓舞了当地民众，他保护自然、爱护家园的事迹感动着无数人。

在我们的身边，还有很多爱护家园的最美环保人，不论是垃圾清运工、环卫工人，还是环保、农林和科研单位的工作人员，他们都在为创建美丽家园而默默付出。请你找一找身边从事环保工作的人员，向他们学习更多的环保知识吧！

科普空间

（一）目前全球环境的十大问题

1 全球气候变暖

由于人口的增加和人类生产活动的规模越来越大，向大气释放的二氧化碳（CO_2）、甲烷（CH_4）、一氧化二氮（N_2O）、氯氟碳化合物（CFCs）、四氯化碳（CCl_4）、一氧化碳（CO）等温室气体不断增加，对全球产生各种不同的影响。较高的温度使极地冰川融化，海平面每 10 年将升高 6 厘米，因而一些海岸地区将被淹没。全球变暖也可能影响到降雨和大气环流的变化，使气候反常，易造成旱涝灾害。

2 臭氧层耗损与破坏

臭氧层能吸收太阳的紫外线，以保护地球上的生命，使其免遭过量紫外线的伤害。臭氧层被破坏，将使地面受到的紫外线辐射强度增加，给地球上的生命带来很大的危害。研究表明，紫外线辐射能使人类皮肤癌发病率增高；伤害眼睛，导致白内障而使眼睛失明；抑制植物如大豆、瓜类、蔬菜等的生长，并穿透 10 米深的水层，杀死浮游生物和微生物。

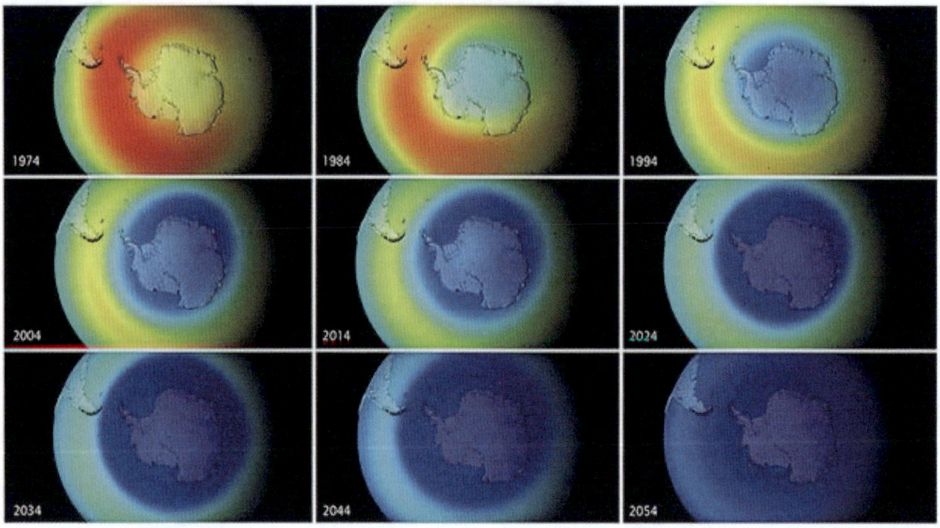

臭氧层空洞变化过程

3 生物多样性减少

有关学者预测，世界上每年至少有 5 万种生物灭绝，每天约灭绝 140 个物种。全世界野生生物的损失可达其总数的 15%~30%。

4 酸雨蔓延

酸雨是指大气降水中酸碱度（pH 值）低于 5.6 的雨、雪或其他形式的降水。酸雨降落到河流、湖泊中，会妨碍水中鱼虾的生长，以致鱼虾减少或绝迹；酸雨还会破坏土壤的养分，使土壤贫瘠化，危害植物的生长，造成作物减产。此外，酸雨还会腐蚀建筑材料。

5 森林锐减

在今天的地球上，我们的绿色屏障——森林正以平均每年 4000 平方千米的速度消失。森林的减少造成了物种的减少和水土流失，对二氧化碳的吸收减少加剧了温室效应。

6 土地荒漠化

全球陆地面积占 60%，其中沙漠和沙漠化面积为 29%。每年有 600 万公顷的土地变成沙漠。

7 大气污染

大气污染导致每年有30万~70万人因烟尘污染提前死亡，2500万的儿童患慢性喉炎，400万~700万的农村妇女儿童受害。

8 淡水污染

水是我们日常最需要，也是人类接触最多的物质之一。然而目前在某些地方，水也变成了危险品。

9 海洋污染

人类活动使近海区的氮和磷增加 50%~200%；过量营养物导致沿海藻类大量生长。海洋污染导致赤潮频繁发生，破坏了红树林、珊瑚礁、海草等的生存环境，使近海鱼虾锐减，渔业损失惨重。

10 危险性废物越境转移

危险性废物是指除放射性废物以外，具有化学活性或毒性、爆炸性、腐蚀性和其他对人类生存环境存在有害特性的废物。由于危险性废物会带来严重污染以及具有潜在的严重影响，在有些发达国家，公众对危险性废物十分敏感，反对在自己居住的地区设立危险性废物处置场，加上危险性废物的处置费用高昂，一些国家和企业极力试图向不发达国家和地区转移危险性废物。

（二）世界环境日

1972 年 6 月 5 日，在瑞典首都斯德哥尔摩召开了联合国人类环境会议，会议通过了《人类环境宣言》，并提出将每年6月5日定为“世界环境日”的建议。同年 10 月，第 27 届联合国大会通过决议，接受了该建议。世界环境日的确立，反映了世界各国人民对环境问题的认识和态度，表达了人类对美好环境的向往和追求。

我国从 1985 年 6 月 5 日开始举办纪念环境日的活动，并根据联合国环境规划署确定的世界环境日主题，确定中国的环境日主题。2015 年 1 月 1 日起施行的《环境保护法》第十二条明确规定，“每年 6 月 5 日为环境日”，这是正式通过立法确定 6 月 5 日为环境日。

（三）垃圾分类

云南的城市生活垃圾主要实施“四分类”标准，即厨余垃圾(包括餐厨垃圾、家庭厨余垃圾、其他厨余垃圾)、可回收物、有害垃圾和其他垃圾四类。

（四）爱护地球家园，我们还可以这样做

保护生物多样性，建设生态文明，绘就人与自然和谐共生的美丽中国画卷，是我们每个人的使命与责任。让我们从身边做起，从此刻做起，做好生态文明建设的合伙人，成为保护地球的践行者和推动者。

探究实践

（一）植树活动

每年的 3 月 12 日为我们国家的植树节，目的是宣传保护森林、保护植物的重要性，并动员人们积极参加本土植物的植树造林活动。请你行动起来，每年植树节种植一棵本土树种的树苗，为地球妈妈增添一抹绿，为生物精灵营造更好的生存环境。

（二）垃圾减量 从我做起

1. 明智购物，避免过度包装

我们应该理性而明智地购物，减少冲动消费，只购买必要且需要的用品。购物时，可以自己准备购物袋或购物篮，拒绝商家提供的过度包装。

2. 回收利用

选择可以重复利用的生活用品，也可以将可回收物，如纸张、纸板、铝罐、塑料瓶、玻璃、废旧金属等，交给专业的再生资源回收企业，让这些资源得以集中有效地回收处理。

3. 减少使用一次性用品

一次性餐具、一次性牙刷、一次性水杯……给我们带来便利的同时，也产生了大量的垃圾。如果每年生产 450 亿双一次性筷子，就要砍伐 2500 万棵生长了 20 年的大树，消耗 500 万立方米的森林资源。

4. 捐赠闲置物品

每个人的家中都会有一些闲置物品，我们可将保存较好的闲置物品送给需要的朋友或慈善机构，也可以通过二手物品交易平台，出售给需要的人，让闲置物品继续发挥它的价值。

5. 减少塑料垃圾

白色污染是全球都在面临的严重环境问题。中国已实施了严格的“限塑令”，我们也应当积极响应，在日常生活中减少塑料垃圾的产生。

践行垃圾分类，从我做起。请同学们为家里的垃圾桶贴上垃圾分类标签，严格按照云南省垃圾分类标准对垃圾进行分类。统计一个月中家里产生的各类垃圾的量，并想办法减少垃圾的产量，比一比谁是垃圾减量小达人。

“垃圾减量从我做起”家庭垃圾量统计表

日期	可回收垃圾（克）	厨余垃圾（克）	其他垃圾（克）	有害垃圾（克）

减少垃圾量小妙招：

收获成长

你觉得自己的表现可以得几颗星？用你喜欢的颜色涂一涂小星星吧！

任务	可以得几颗星
了解“杨善洲爷爷保护大亮山”的事迹	☆☆☆☆☆
在植树节坚持种树	☆☆☆☆☆
坚持在家进行垃圾分类、称重，努力减量	☆☆☆☆☆
了解目前全球环境的十大问题	☆☆☆☆☆
了解世界环境日	☆☆☆☆☆
知道云南省垃圾分类标准	☆☆☆☆☆
在今后的学习生活中积极保护环境、爱护家园	☆☆☆☆☆

云南省青少年生物多样性科普读物
（下册）

特别鸣谢

本书部分内容和图片获得了大量专家和热心人士的指导和支持，在此表示衷心感谢！

（排名不分先后）

何青颖　王荣兴　刘鲁明　税玉民　崔庆江　潘晓赋　赵　敏
杨湘云　周洪旭　黎思涵　赵　琛　杨力颖　崔峻博　王　军
白　晓　顾壹清　赵昌佑　陆建树　廖辰灿　王丽兰　罗予晗
张　悦　宋　鼎　肖　君　沈维劼　白商羽　白清泉　潘　珉
吴　桐　方　磊　马志林　徐洲锋　汪春才　上官法智

广汽丰田汽车有限公司
中国科学院昆明动物研究所
中国科学院昆明植物研究所
中国林业科学研究院高原林业研究所
中共云南省委党校
云南轿子山国家级自然保护区管护局
云南省动物学会
中华全国供销合作总社昆明食用菌研究所
大理大学
云南林业职业技术学院

本书编写时间较紧，若存在不足之处，恳请广大读者予以批评指正，在此一并致谢！

序

据联合国《生物多样性公约》对“生物多样性”的定义，“生物多样性”是指地球上所有来源的生物体，包括陆地、海洋和其他水生生态系统及其所构成的生态综合体，这包括物种内、物种之间和生态系统的多样性。

20 世纪 80 年代以后，人们逐渐发现，若要拯救濒危物种，不仅要聚焦种群本身，还应保护好它们的栖息地及物种所在的整个生态系统。在这种背景下，“生物多样性”的概念应运而生，生物多样性保护也随着人类对地球的认知与热爱而成为人人都应该为之付出的美好事业。

2021 年 10 月 11 日至 14 日，《生物多样性公约》缔约方大会第十五次会议（COP15）第一阶段会议在云南昆明成功举行。会议通过了《昆明宣言》，助力各方达成“昆明—蒙特利尔全球生物多样性框架”，为全球保护生物多样性进程、构建地球生命共同体注入强大的推动力。

生物多样性看云南。作为中国生物多样性最丰富的省份，云南是我国重要的生物多样性宝库和西南生态安全屏障，云南的生物多样性在中国乃至全世界都有十分重要的地位。“动物王国”“植物王国”“世界花园”“真菌王国”“物种基因库”……这些美誉是云南的标签，更是云南生物多样性保护事业的勋章。我们希望，这些美誉不仅源自过去、现在，还将更加光辉于未来。

生物多样性靠我们。青少年能为保护生物多样性做些什么？让我们从“了解”开始。了解生物的样貌，以利认知；了解生物的习性，以利保护；了解生物的脆弱，共之以情；了解生物的力量，而知敬畏。

《云南省青少年生物多样性科普读物（上、下册）》的编辑出版，旨在从趣味性出发，从互动性入手，为全省青少年、“量身定制”一套科普读物，激发云南省青少年对云南生物多样性的关注，帮助其在潜移默化中树立生态文明理念，在了解云南独特自然资源和生态环境的同时，将生态环境保护与科学探索融入学习和生活，启迪真、善、美之心，激发其对生物多样性保护的关注度和行动力。

《云南省青少年生物多样性科普读物（上、下册）》由中华环境保护基金会资助，云南省生态环境宣传教育中心组织编写，云南科技出版社出版。本书的顺利出版离不开社会各界的大力支持和帮助：中国科学院昆明动物研究所、中国科学院昆明植物研究所、中国科学院西双版纳热带植物园专家团队为本书的编撰和审核提供了极大的支持和帮助；云南师范大学实验中学、昆明市中华小学、昆明市明通小学、昆明市盘龙小学、昆明市经开区实验小学、昆明市文林小学等参与项目的学校和相关老师，投入巨大精力，全程参与本书编撰工作；本书获得了中华环境保护基金会和广汽丰田汽车有限公司的捐赠与支持，并密切关注项目进程。在此，向所有给予本书帮助、支持的单位和同志表示衷心感谢。

本书参考、使用了有关政策文件、有关部门总结、有关专家著作和权威主流媒体报道，在此深表谢意。因该书通俗性和可读性要求，不能一一做注释标明，特此说明。

编委会

阅读提示

亲爱的读者朋友，如果你已经在上册《了解生物多样性保护》里了解了生物多样性的前世今生，欣赏了云南生物多样性的绚丽多姿，那么，我们盛情邀请你继续畅游书海，来到下册《探究生物多样性保护》。我们相信，在下册的阅读中，你将化身小科学家、小侦探、小设计师、小美食家及生物多样性保护明日合伙人，通过不同的方式与角度，更深入细致地开展生物多样性保护。

下册通过图文、表格、案例、游戏、实践等富有趣味性与互动性的形式，鼓励你走上田间地头，亲手搜集并整理第一手资料，手把手引导你开展生物多样性保护方面的探索与调研。在这里，你可以是小侦探，面对各种动植物，练就一双火眼金睛，成为清除身边生物“侵略者”的生态小战士；你可以是小设计师，用自己的奇思妙想与一双巧手为身边的动物打造一个可爱的家；你可以是小美食家，学习如何健康合理地饮食，了解更多关于食材的知识，充分体会餐桌上的生物多样性；你还可以是生物多样性保护明日合伙人，成为COP15后时代的行动派，用自己的知识与技能推进生态文明建设……

当然，我们更相信，没有读过上册的你，也将会充满兴致地回头再去了解。

小小的一册书，能呈现的美好终究有限。世界是如此广阔，生物多样性领域是如此丰富，我们真诚希望，这一册书，能成为生物多样性保护的星星之火，也希望读到这本书的你能成为照亮地球母亲的一束光！

总之，在生物多样性保护方面，我们可以做的有很多很多。书里展现了美好的世界，你的阅读和实践也将成就一个更加美好的世界！小朋友，相信你已经摩拳擦掌、跃跃欲试了吧？来吧！生物多样性保护事业需要你！

目录

目录

云南省青少年
生物多样性科普读物
探究生物多样性保护

第一单元

小科学家：如何开展科学考察

第一课

如何进行自然观察

1 自然观察原则

（1）科学性原则

- 明确观测目标、观测地点、观测对象
- 采用统一、标准化的观测方法

（2）可操作性原则

- 观测要切实可行、便于实施
- 采用高效率、低成本的观测方法

（3）可持续性原则

- 长期观测，具有可持续性
- 持续关注种群动态、实时变化

（4）保护性原则

- 爱护野生动植物，遵守相关的法律法规
- 需主管部门的批准方可进行取样或标记等

（5）安全性原则

- 观测开始前接受相关专业培训
- 做好安全防护及应急预案

2 如何进行自然观察

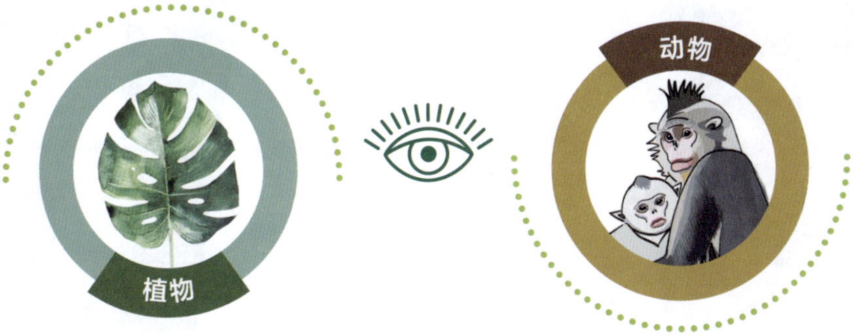

植物——自养

可分为苔藓植物、蕨类植物、裸子植物、被子植物等。

动物——异养

可分为节肢类、鱼类、两栖类、爬行类、鸟类、哺乳类等。

植物调查法

样方法

样带法

核实法

物候观测

动物调查法
昆虫
灯诱法
网捕法
扫捕法
振落法
搜索法
蜜诱法
异性诱集法

动物调查法
鸟兽类

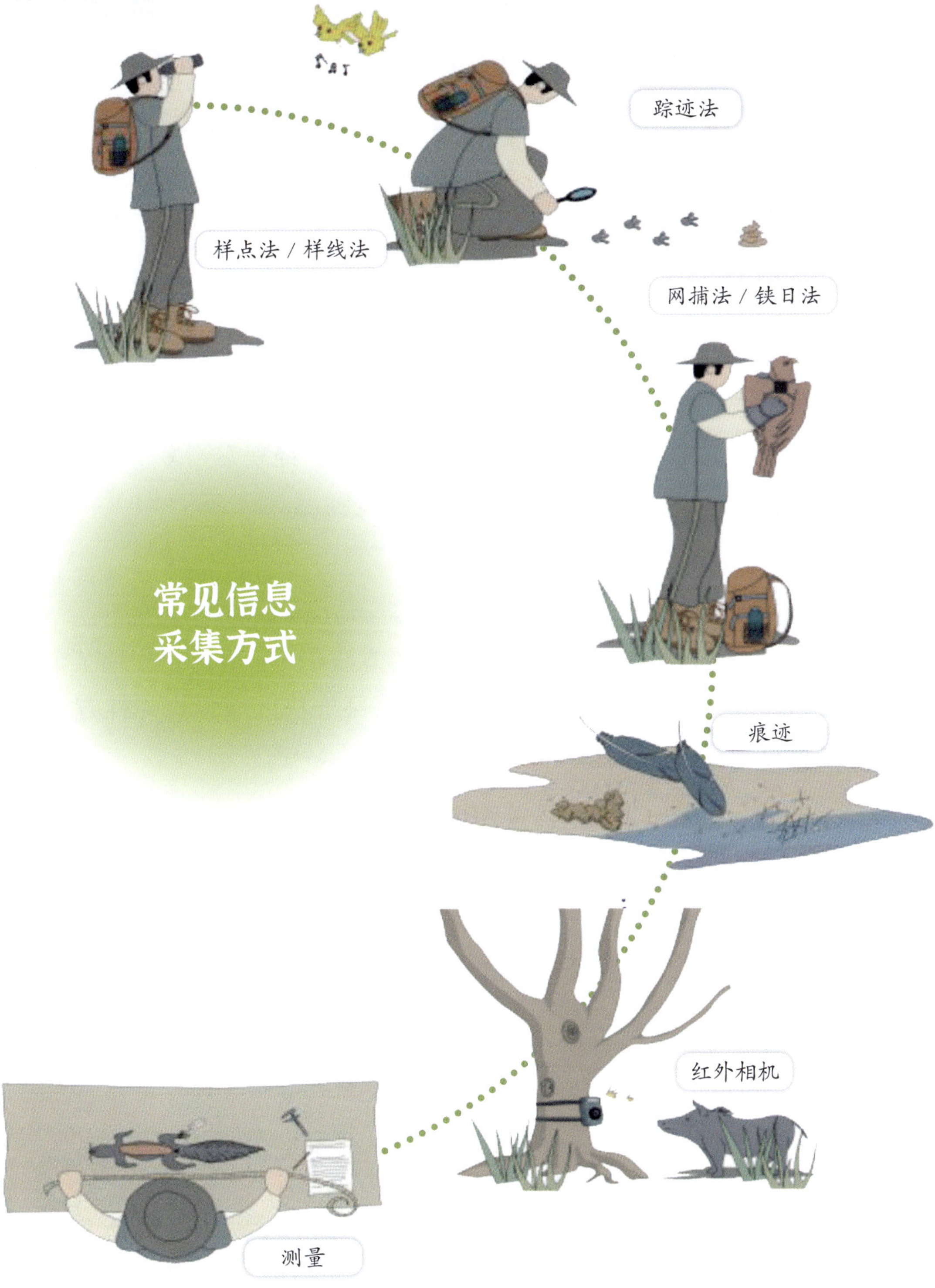

3 如何进行生物记录

把我们观察到的动植物都记下来！

校园里的生物	名称	地点	数量
	松鼠	校园里树干中部	2只

数一数，说说我们已经观察到多少种生物啦。

调查活动

科学采样是科学调查的一种重要方法。为了弄清楚当地某个区域是否存在外来植物入侵，我们可以将某一块区域设置为样方，对植物进行采样，进行鉴别。

区域内植物种类调查表

植物分类	植物名称	植物家族	植物数量 / 个	是否为外来入物种
木本	香樟	樟科	10	否
藤本	紫藤	豆科	5	否
草本	紫茎泽兰	菊科	30	是

思维拓展 想一想，校园里除了我们肉眼看得见的动物和植物，还有其他生物吗？

通过我们的观察，我发现，校园里的生物真多呀！它们是我们校园的好伙伴，我们应该保护它们。

让我们走出去观察更多的生物，从校园到公园，从公园到城市，从城市到野外。

- 组成勘察小分队和同学、家长或老师一起观察。
- 参加学校组织的研学及志愿者活动。
- 向社区的工作人员、导游、讲解员请教收集调查线索，根据发现的问题通过查阅图书和网络查询搜集资料。

面对多种多样的生物，我们可以怎样观察它们？

观察小提示

- 注意安全，远离危险。
- 恢复原样，不伤害动物和植物。
- 观察时带齐工具，及时记录。

收获成长

你觉得自己的表现可以得几颗星？用你喜欢的颜色涂一涂小星星吧！

任务	可以得几颗星
认识植物与动物之间的区别	☆☆☆☆☆
掌握植物调查的方法	☆☆☆☆☆
掌握昆虫调查的方法	☆☆☆☆☆
认识并理解兽类调查的方法	☆☆☆☆☆

第二课

给鸟儿做“户籍”登记

城市生态环境已经成为自然生态圈中必不可少的环节之一。鸟类作为城市中最容易看到的野生动物，得到很多人喜爱，很多鸟类的故事在城市中上演。让我们一起走进鸟类世界，探究城市的鸟类多样性。

调查活动　城市鸟类的探索

观鸟注意事项

● 观鸟装备有双筒望远镜、鸟类图鉴、笔记本和笔。

● 野外着装的颜色应当与环境相协调，穿便于行走的鞋，戴遮阳帽，能很好地提升观鸟的体验。

调查活动

鸟种的野外识别

在野外识别鸟的种类，需要通过几种特征的组合，帮你快速找到答案。只要细心观察记录，通过笔记与图鉴资料的对比，可能很快就能知道所观察的鸟种名称，但也有可能需要继续找机会多观察、多记录，才能得到答案。

- **体型大小：**确认大小，看看是像麻雀（13~15 厘米）一样小的小鸟，或是斑鸠（30 厘米）一样的中型鸟类，还是跟天鹅（130 厘米）一样大的大鸟。

- **外形特征：**观察鸟类的外形特征，可以使用联想的方式来帮助记忆。例如，看起来更像愤怒的小鸟，还是市场中出售的家鸭或公鸡。

- **羽毛的颜色与斑纹：**仔细观察鸟类全身各部位的颜色，注意它们身上分布的斑纹颜色及形状，记住这些斑纹颜色及形状分布的位置。

- **鸟喙的特征：**不同类群鸟类的喙形状差异较大，所以喙也是鸟类辨识的重要线索。

- **脚的色彩：**观察鸟类足部及附趾的颜色。

- **鸣声：**认识鸟类的鸣叫声是分辨它们的捷径，但即便是同一种鸟类的鸣叫声也有不同的变化，大体上可以分为鸣叫与鸣唱。

- **飞行方式：**不同的鸟类会有不同的飞行方式，例如是顺着气流盘旋还是在空中展翅悬停。
- **行走的姿态：**有的鸟类停歇在地面上的时候喜欢蹦跳前行，有的则是蹒跚行走。
- **观察的季节：**鸟类会在不同的季节出没，所以想要看某个区域特定的鸟类必须选择合适的季节前往。
- **栖息环境：**不同的生境往往适合不同的鸟类繁衍生息，所以栖息环境对于鸟类识别也是重要因素，需要加以记录。

同学们，在做观鸟记录时应注意：

- **观察笔记：**记录观鸟的时间、地点、种类、数量、特征及行为。观察与记录的信息多多益善，以利辨识，增进对鸟类的了解。
- **拍摄视频或照片：**最直观的影像资料，除了有助于记录和查询种类信息外，还能与伙伴分享，增加观鸟的乐趣。
- **手绘鸟类：**当被观察记录的鸟类每一个细节都跃然纸上时，你对鸟类的信息就了然于胸、准确熟悉了。
- **收录声音：**无论是智能手机还是专业录音器材，聆听一段悦耳的鸟鸣，除了可以辅助鸟类识别，更是我们亲近自然的一种方式。
- **拓印足迹：**鸟类在泥土、沙地上留下的足迹，也会给我们带来许多有趣的信息。
- **收集羽毛：**鸟类羽毛是很棒的自然收集物，特别是你知道每一根羽毛的来历时，每一根羽毛都代表着一段难忘的野外经历。

鸟的形态

同学们，让我们一起来了解鸟类的形态。

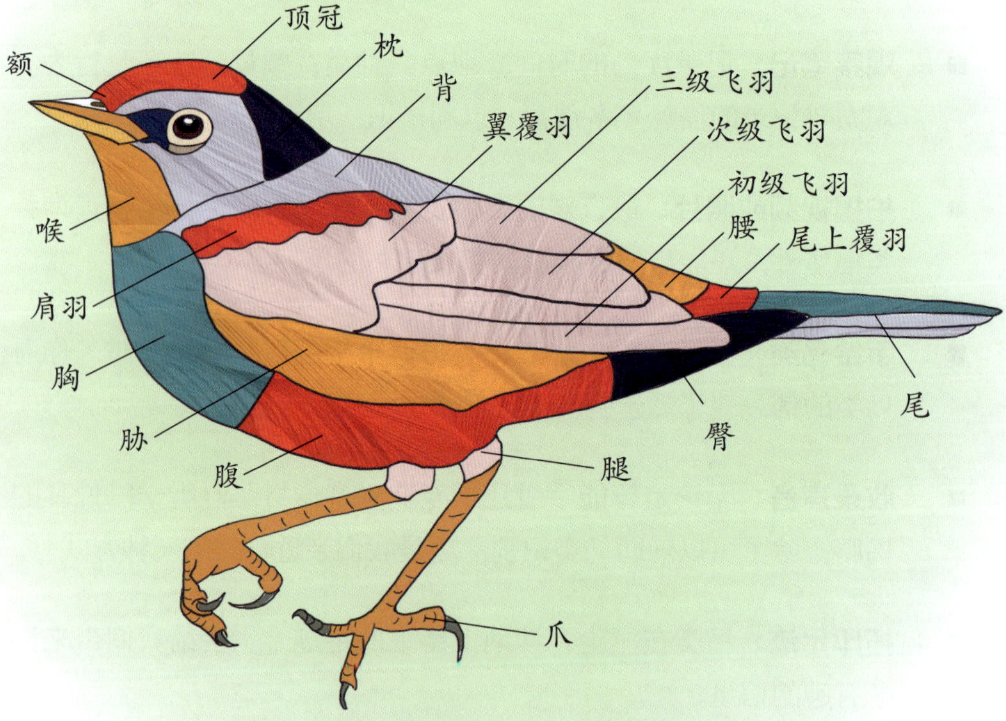

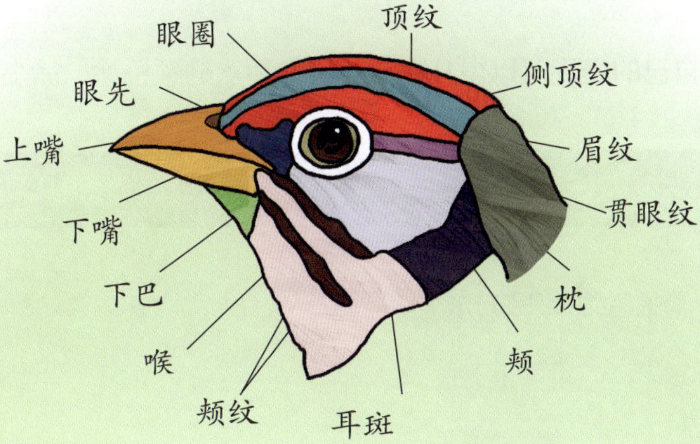

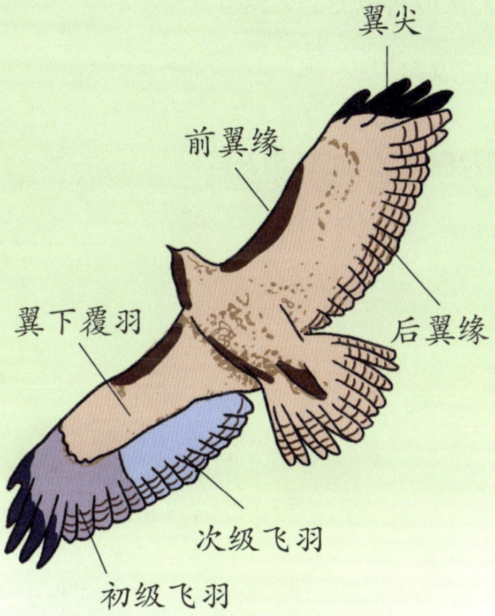

尺寸范例

名称	体长 / 厘米	名称	体长 / 厘米
麻雀	13~15	喜鹊	46~60
黄臀鹎（bēi）	17~21	白鹭	48~90
红嘴鸥	37~43	苍鹭	75~105

收获成长

你觉得自己的表现可以得几颗星？用你喜欢的颜色涂一涂小星星吧！

任务	可以得几颗星
掌握鸟类的识别方法	☆☆☆☆☆
在学校和小区认识 10 种以上的鸟类	☆☆☆☆☆
认识麻雀、红嘴鸥及白鹭之间的体型差异	☆☆☆☆☆

第三课

公园鸟类调查

小科学家们，你们已经具备了观鸟的基本技能，现在开始在家附近的公园做鸟类调查吧。按照观鸟规范在公园里寻找鸟类，看看这些鸟类都喜欢在什么区域活动。

1 公园观察鸟类记录

公园名称	出现位置	形态特征	天气情况	出现时间	鸟类名称
翠湖公园	北门	整体黄色	小雨	××：××	黄头鹡(jí)鸰(líng)

鸟类记录

鸟类观察记录（范例）：

鸟名： 黄头鹡(jí)鸰(líng)

记录时间： ××年×月×日××：××

记录地点： 翠湖公园

出现位置： 北门

数量： 1只

天气情况： 小雨

鸟类归属： 鸣禽

形态记录：

大小	比麻雀稍大，18厘米左右
头部	黄色，顶部灰色，眼中间有白色眉纹
喙	黑色，尖而细长
腹+肋	黄色、淡灰
背（羽）	灰黑色，有白色条纹贯穿
腿+爪	4趾（前3趾后1趾），黑色

2 城市的鹭

观察不同公园中白鹭活动的区域，可以发现白鹭不会像海鸥一样在水里游泳，它只会踩在浅滩或者浮萍上活动。它们这样的习性会影响它们的捕食方式吗？

翠湖东门模拟自然修复的人工鸟岛

鹭科鸟类观察表

公园名称	常见鹭科鸟类	特征				活动区域	是否繁殖羽	飞行姿态
		身体颜色	喙的颜色	腿的颜色	足的颜色			
翠湖	白鹭	白	黑	黑	黄	人工鸟岛	否	之字形
	夜鹭							
	牛背鹭							
	池鹭							
	苍鹭							

小游戏挑战赛

白鹭大作战

游戏挑战

游戏准备

1. 找到一块面积为 3 米 ×3 米的场地，用线隔好。

2. 在场地内布置 30 厘米 ×30 厘米的垫板当作浮萍。

3. 用海洋球当作水里的鱼。

游戏开始

1. 1~4 人 / 组，每次游戏 4 组分别从场地的四个边出发。

2. 用双手模仿白鹭喙的形态拿取场地中的海洋球。

3. 出发的队员只能踩在垫板（浮萍）上活动，若无法捕获鱼（拿到海洋球），则需换人或者想其他办法。

4. 每拿到 1 条鱼（海洋球）则需回到场边放入鱼篓中，同时小组下一位队员出发（若小组只有 1 人则无须换人）。

5. 3~5 分钟一局，鱼（海洋球）最多的小组胜利。

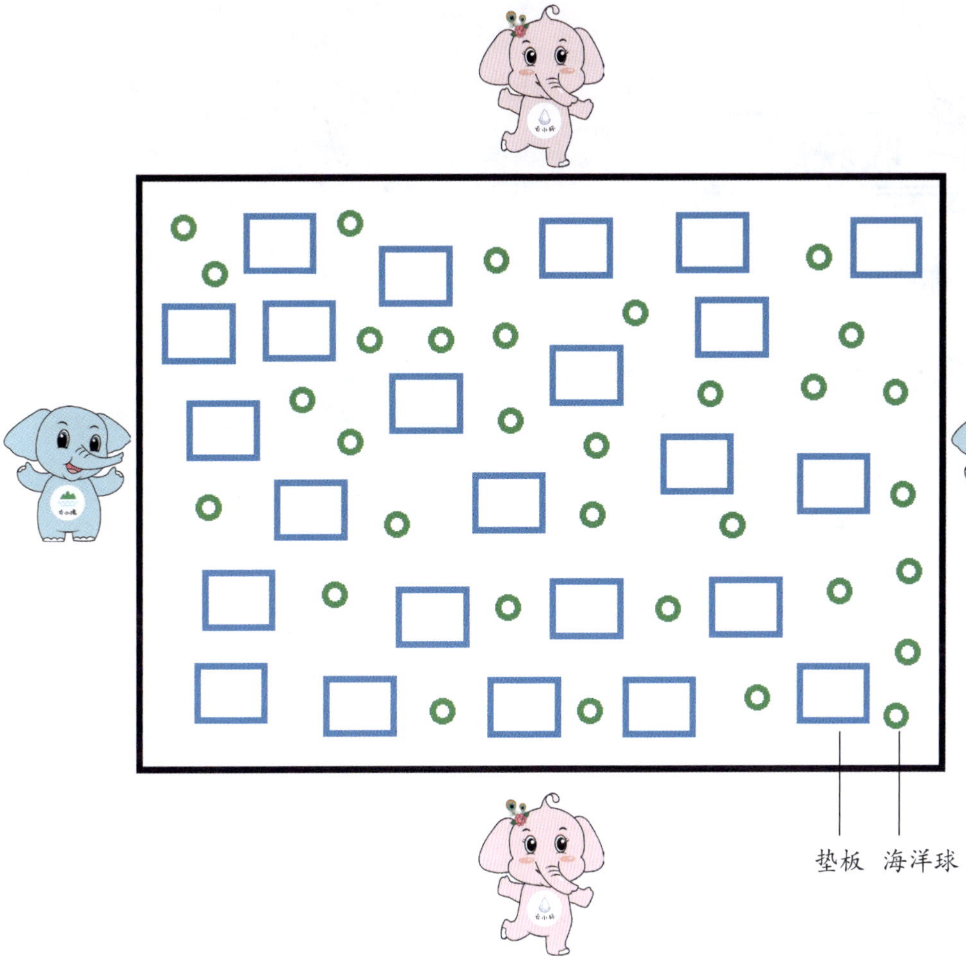

探秘任务特辑

- 1. 鹭科鸟类吃鱼是从头往下，还是从尾巴往下？为什么？
- 2. 翠湖公园为何会吸引那么多鸟类？
- 3. 以翠湖公园的白鹭为观察对象，思考白鹭的“食堂”“客厅”“卧房”分别在哪里？
- 4. 白鹭是如何做到“浑水摸鱼”的？
- 5. 夜鹭之所以叫这个名字是因为它们在夜里觅食吗？

收获成长

你觉得自己的表现可以得几颗星？用你喜欢的颜色涂一涂小星星吧！

任务	可以得几颗星
使用鸟类调查工具识别并记录公园中的鸟类	☆☆☆☆☆
能够识别公园中 5 种常见的鹭科鸟类	☆☆☆☆☆
认识鹭科鸟类的生活习性	☆☆☆☆☆

第四课

小科学家养成记

观察是自然科学研究的第一步，科学家们通过对自然界中存在的现象及事物进行观察，从而发现其中的问题，最后通过研究找到问题的答案。各位小科学家们，现在就让我们从身边最容易见到的植物、昆虫及鸟类开始，一步步掌握自然观察的方法吧！

1 什么是观察？

- **观察：带着思考地看**
- **发现各个物种间的相同与不同之处**

植物
看什么？

昆虫
看什么？

- 一看口器
- 二看触角
- 三看身体结构
- 四看翅膀
- 五看眼睛
- 六看脚

2 观察并分类

- 把特征相同的分为一类。
- 用识别软件“生命观察”App 查看自己的分类是否与科学的分类相同。

3 学习认识“科”“属”“种”之间的区别

观察记录表：

（1）植物

编号	发现区域	形态记录	自主分类	识别分类	植物名称
01	教场路	花紫色、叶羽毛状	木本植物	紫葳科	蓝花楹

（2）昆虫

编号	发现区域	形态记录	自主分类	识别分类	昆虫名称
01	西山	整体咖啡色	昆虫	鞘翅目	腮金龟

（3）鸟类

编号	发现区域	形态记录	自主分类	识别分类	鸟类名称
01	翠湖公园	喙红黄色、身体黑色	涉禽	鹤形目	黑水鸡

小科学家任务

- 1. 回家之后在小区或者周边公园观察记录，对比看看哪里的生物多样性更丰富。
- 2. 思考植物、鸟类、昆虫之间的关系。
- 3. 如果白天找不到昆虫，或者夜里找不到鸟类，想想它们都会去哪儿了。

如何进行生物识别并记录？

中国科学院昆明植物研究所“生命观察”软件

用 App 或者相机记录观察对象

利用卫星定位系统获得观测位置和轨迹

分享和讨论自己的记录

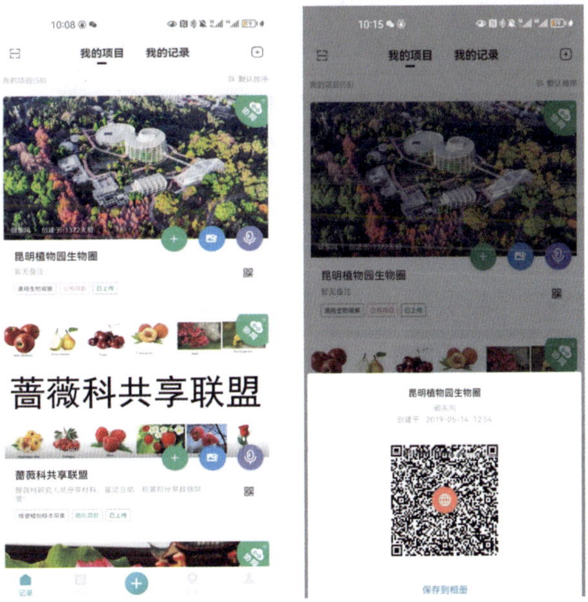

大家可以扫码下载“生命观察”App，注册并登录账户

创建自己的生物观察项目，分享给朋友，并组建自己的观察小分队。

查阅专业书籍，如配图动物志、植物志、真菌志等各种图谱。

收获成长

你觉得自己的表现可以得几颗星？用你喜欢的颜色涂一涂小星星吧！

任务	可以得几颗星
学会观察并使用表格记录植物、鸟类及昆虫	☆☆☆☆☆
使用“生命观察”软件识别发现的生物	☆☆☆☆☆
查阅专业生物分类书籍认识新物种	☆☆☆☆☆

第二单元

小侦探：
探究身边的生物多样性

第一课

侦察身边的生物在哪里

校园里的植物有很多，物种丰富多样，它们在校园中的生长状态却千差万别。请小侦探带上你的工具，去发现、去记录吧。

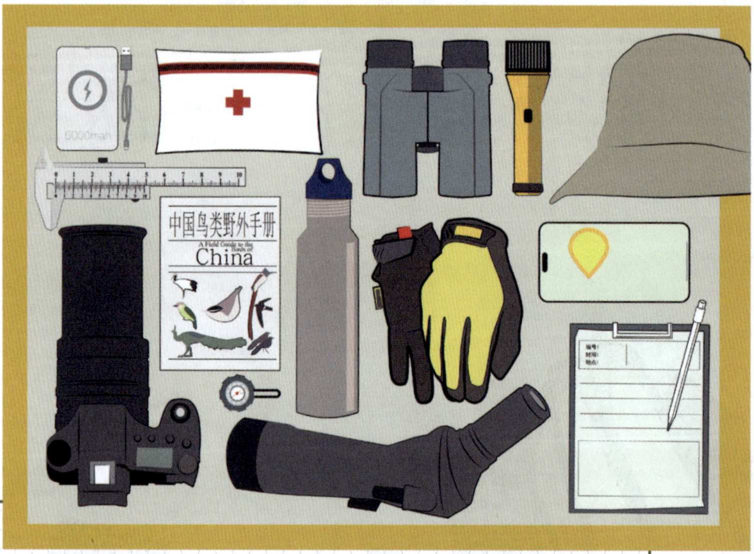

《植物妈妈有办法》一文，同学们应该背诵得无比熟练了，虽然植物妈妈的办法有很多，但脱离了书本，同学们有没有仔细去观察？那里有许许多多的知识，粗心的同学是不是还没有得到它？你愿意化身为生物小侦探吗？不放过一切蛛丝马迹，用科学方法，带上工具，来侦破身边的生物多样性案件吧！

绿化是城市中有生命的系统工程，无论是在同学们所居住的社区、上学路上还是校园门口。在云南绿化带中常见的植物很多，有金灿灿的黄金菊、颜色柔美的蔷薇、如同蝴蝶的三色堇、青翠的常青藤、长触须的爬山虎、会变成黄色小扇子的银杏、碧玉妆成一树高的柳树等。蝴蝶、蜜蜂、蚂蚁、松鼠、鸟……都是大家的野生动物邻居。

各位侦探请放慢匆匆赶路的脚步，慢下来，就在身边，回首看路时，用一颗侦探之心去探索发现身边的生物吧！

收获成长

你觉得自己的表现可以得几颗星？用你喜欢的颜色涂一涂小星星吧！

任务	可以得几颗星
认识本课图中所有的户外调查工具	☆☆☆☆☆
学会本课图中所有的户外工具的使用方法	☆☆☆☆☆
开始留心身边的动植物， 发现它们的特点与不同	☆☆☆☆☆

第二课

校园中植物特征大不同

小侦探，大自然中的植物形态可是千变万化的。树皮有光滑的也有粗糙的，树叶有全缘的也有锯齿的，花朵有单瓣的也有重瓣的。快快带上你的调查工具，在校园找找这些不同的植物形态吧！

1 探查校园中的植物世界

行动一：给脱水状态的植物浇水，观察它们的花、叶、果实等结构有什么不同的变化。

行动二：拿上放大镜等工具去植物上找一找有没有动物存在的蛛丝马迹。

行动三：拥有“鸟瞰”视野，从高处或利用无人机观察一下校园中的小花园。在不同的视角看校园植物群落有何不同的感受？

将你观察到的内容在班级里讲给同学们听一听，选一选谁是当之无愧的生物小侦探，记录到了最多的信息。

我们还可以从脚印、粪便、毛等踪迹推知躲藏起来的动物，经常飞来的鸟也应该记录下来。注意不要采摘植物和伤害动物。

2 分析植物隐秘的部位

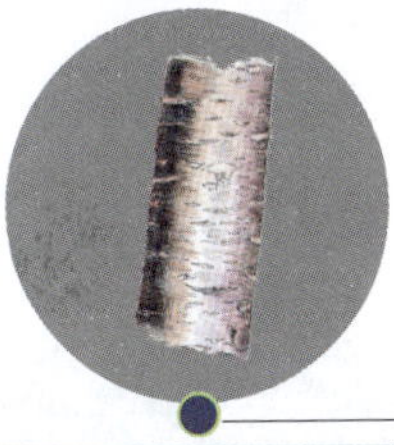

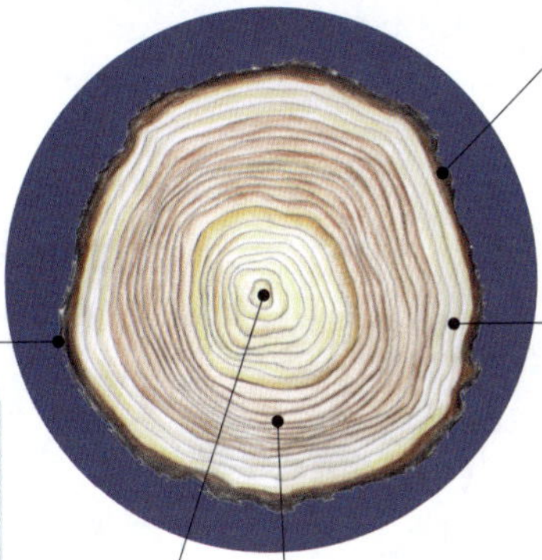

第二层是韧皮部，能起到运输糖分的作用。

第三层是形成层。这一层比较薄，但却是生长的重心。

第一层摸起来凹凸不平的是树皮。这是树干的最表面的部分，可以保护树干不受到外界的侵袭，防止病害入侵树体，能起到很好的保护作用。

第四层就是边材，能够从根部运输水分到树木上。这一层颜色较浅。

第五层是心材。树干里面大部分都是心材。

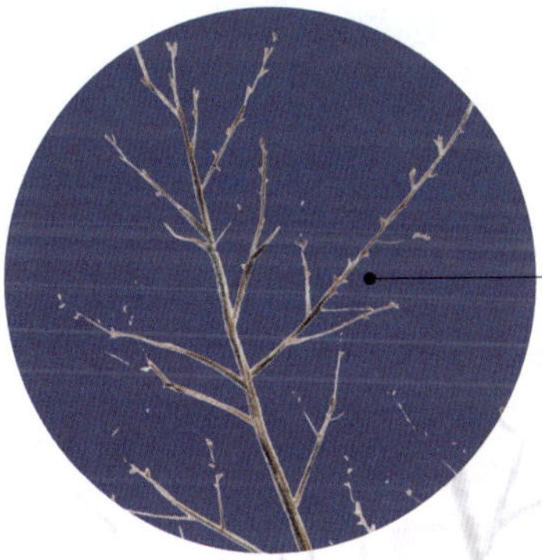

它是树干上方的分枝，是向上延伸的枝条，会随着生长逐渐变粗，能决定树木的大致形态。

通过树叶吸收太阳光，然后合成营养元素，供给树木的生长。

树根虽然我们看不到，但是相信你有办法了解它。

各位小侦探，请通过图片中的线索，推断一下，这是云南的哪个城市？

线索一： 榕树、散尾葵、黄姜花、旅人蕉、小鸟蕉、蝎尾蕉、朱蕉

线索二： 热带水果大菠萝装饰、雕刻有孔雀元素的路灯

线索三： 当地民族特色的公交车站

猜到这是哪儿了吗？这里是西双版纳傣族自治州景洪市。

收获成长

你觉得自己的表现可以得几颗星？用你喜欢的颜色涂一涂小星星吧！

任务	可以得几颗星
学会植物观察的方法	☆☆☆☆☆
发现植物各个部位的特征	☆☆☆☆☆
对相同特征的植物进行简单的分类	☆☆☆☆☆

第三课

快去查一查“海鸥”

有一群“小精灵”走近了热情好客的云南人的视野，每年的 11 月到来年 3 月我们都能在昆明滇池和盘龙江、保山清华海、玉溪抚仙湖、大理洱海等地看到它们的身影。小生物侦探们，抓住每年这几个月的时间，快去查一查“海鸥”吧。

观鸟准则：

- 不要大声讲话
- 禁止驱赶、惊吓鸟类
- 不建议投喂野生鸟类
- 拍摄鸟类时尽量不使用强光照明设备

挑战一：它们是海鸥吗？

挑战二：图中白头的鸥和黑头的鸥是两个不同的物种吗？

挑战三：它们都是从西伯利亚来的吗？

鸟类身份信息

·留鸟：终年生活在一个地区、不随季节迁徙的鸟类。

·冬候鸟：秋冬季在本地区生活，春夏季飞往繁殖地，次年秋冬再返回，对该地区而言即为冬候鸟。

·夏候鸟：春夏季在本地区繁殖，秋冬季离开，次年春季返回繁殖地，对该地区而言即为夏候鸟。

·旅鸟：迁徙途中经过本地区，但不是在本地区繁殖或越冬，对该地区而言即为旅鸟，又称过境鸟。

·迷鸟：由于天气恶劣或其他原因，偏离自身迁徙路线，出现在以往分布区域以外的鸟类，迷鸟往往以候鸟多见。

·繁殖羽：繁殖季节换上的相对鲜艳或色彩更深的羽毛，多指鸟类春夏季节的羽翼。

·非繁殖羽：繁殖季节过后换上的相对暗淡的羽毛，多指鸟类秋冬季节的羽翼。

红嘴鸥不是海鸥的原因：

长得相似却有不同，住处不同，吃的更杂。

红嘴鸥的繁殖羽：

红嘴鸥中的雄鸟会换上繁殖羽，求偶时头会变黑。

红嘴鸥

红嘴鸥（雄鸟）

海鸥

昆明的红嘴鸥来源：

来昆明越冬的红嘴鸥分别来自我国新疆的博斯腾湖、蒙古国的乌布苏湖和吉尔吉斯湖流域、俄罗斯的贝加尔湖。

小侦探们，经过探秘发现，大家习以为常的一些说法和传统宣传中的内容需要更新。希望你们在为红嘴鸥登记“户籍”信息后，能回家向自己的家人科普宣传一下你们的调查结果并留意家人们的反应吧。

收获成长

你觉得自己的表现可以得几颗星？用你喜欢的颜色涂一涂小星星吧！

任务	可以得几颗星
认识发现红嘴鸥和海鸥之间的区别	☆☆☆☆☆
能够识别出红嘴鸥的繁殖羽	☆☆☆☆☆
认识昆明的红嘴鸥由何地迁徙而来	☆☆☆☆☆

第四课

逮捕自然环境中的侵略者

究竟是谁在捣鬼？请小侦探抓捕元阳梯田里的“头号杀手”。

报案记录表

俗话说千里之堤溃于蚁穴。云南元阳哈尼梯田在申报世界文化遗产时，遇到了大难题：本该波光粼粼的梯田，却莫名其妙地发生了漏水、渗水、垮塌，水稻苗倒伏在田里。更蹊跷的是，不但水漏了，水稻根茎也有被钳断的痕迹，大量水稻嫩叶被啃食，稻田中的小鱼、小虾、浮游生物、底栖生物、藻类神秘消失。

线索：科学家团队开展走访调查时，当地居民表示哈尼梯田的森林、村寨、梯田、水系“四素同构”的循环生态系统是一个精密复杂的农业、林业、水利体系。历经千年，从来没有发生过这样的现象。

初步推断：可能是外来入侵物种造成的，若不及时抓到“嫌疑犯”进行处置，梯田可能溃塌，从而影响梯田片区的农田生态系统。

“犯罪嫌疑人”名单如下：

中国科学院及相关国家政府部门发布的外来入侵物种名录

2003 年 1 月 10 日公布

第一批外来入侵物种名单（16 种）：

紫茎泽兰、薇甘菊、空心莲子草、豚草、毒麦、互花米草、飞机草、凤眼莲、假高粱、蔗扁蛾、湿地松粉蚧、强大小蠹、美国白蛾、非洲大蜗牛、福寿螺、牛蛙。

2010 年 1 月 7 日公布

第二批外来入侵物种名单（19 种）：

马缨丹、三裂叶豚草、大薸、加拿大一枝黄花、蒺藜草、银胶菊、黄顶菊、土荆芥、刺苋、落葵薯、桉树枝瘿姬小蜂、稻水象甲、红火蚁、克氏原螯虾、苹果蠹蛾、三叶草斑潜蝇、松材线虫、松突圆蚧、椰心叶甲。

2014 年 8 月 15 日公布

第三批外来入侵物种名单（18 种）：

反枝苋、钻形紫苑、三叶鬼针草、小蓬草、苏门白酒草、一年蓬、假臭草、刺苍耳、圆叶牵牛、长刺蒺藜草、巴西龟、豹纹脂身鲇、红腹锯鲑脂鲤、尼罗罗非鱼、红棕象甲、悬铃木方翅网蝽、扶桑绵粉蚧、刺桐姬小蜂。

2016 年 12 月 12 日公布

第四批外来入侵物种名单（18 种）：

长芒苋、垂序商陆、光荚含羞草、五爪金龙、喀西茄、黄花刺茄、刺果瓜、藿香蓟、大狼杷草、野燕麦、水盾草、食蚊鱼、美洲大蠊、德国小蠊、无花果蜡蚧、枣实蝇、椰子木蛾、松树蜂。

科普空间

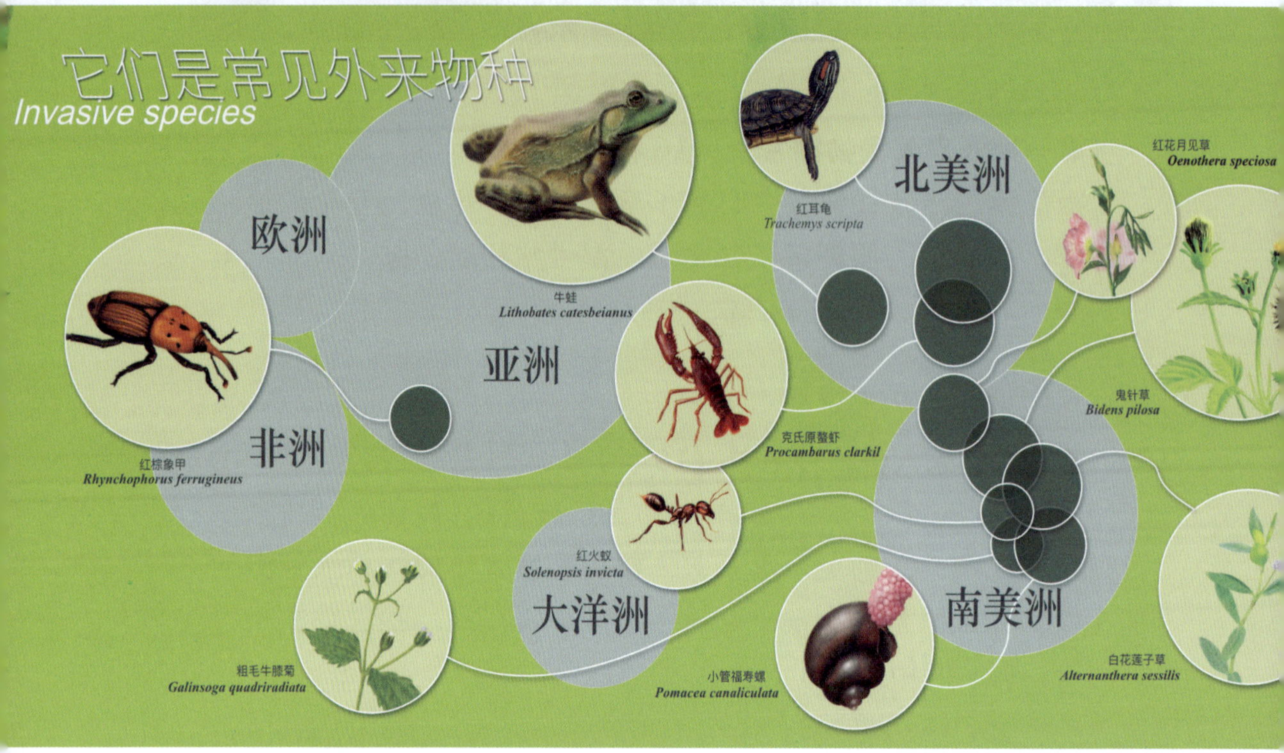

1. 外来物种

外来物种是指过去或者现在在本自然保护地内无自然分布的物种、亚种或者以下的分类单元，包括其所有可能存活、继而繁殖的部分、配子或者繁殖体，如西瓜、烟草、番茄、胡椒等。

2. 外来物种入侵

外来物种入侵强调的是其入侵行为，是指在当地的自然或者半自然生态系统中形成自我再生能力，可能或者已经对生态环境、生产或者生活造成明显损害或者不利影响的外来物种。

3. 生态系统

生态系统是指植物、动物和微生物群落和它们的非生命环境作为一个生态单元交互作用形成的一个动态复合体。

通过以上线索，能判断出元阳梯田里的凶手是谁吗？

经科学家团队科学调查及环境 DNA 分析，应该是克氏原螯虾。

克氏原螯虾原产自墨西哥北部和美国南部，已入侵了 4 个大洲、20 多个国家。1920 年左右来到我国，养殖的群体成为网红美食，逃逸的种群危害四方。

这到底是什么呢，你想到了吗？它还有一个大家更为熟悉的名字——小龙虾。

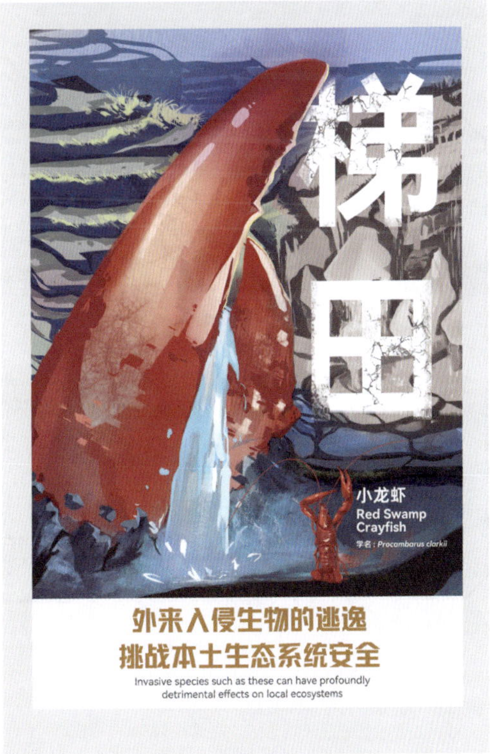

拥有粗壮而发达的螯肢，不但会挖洞还能剪碎植物。小龙虾性情凶猛不挑食，鱼虾、甲壳类、水生植物都在它们的食谱上。小龙虾特别能生，一只小龙虾妈妈不到 5 个月便能产下 50~200 只的小龙虾宝宝，就这样，大批的小龙虾一边挖洞摧残梯田，一边糟蹋粮食。万万没想到吧，国民美食之小龙虾丰富了大家的餐桌，创造了每年 4000 亿元的收入，然而逃逸的小龙虾却成为元阳梯田的首席破坏者。

科普
阅读

如何对非法引入或放生外来入侵物种进行处罚?

《外来入侵物种管理办法》

《外来入侵物种管理办法》是我国农业农村部、自然资源部、生态环境部、海关总署发布的，为了防范和应对外来入侵物种的危害、保障农林牧渔业可持续发展、保护生物多样性制定的办法。自2022年8月1日起施行。

第二十五条规定，未经批准，擅自引进、释放或者丢弃外来物种涉嫌犯罪的，依法移送司法机关追究刑事责任。

《云南省生物多样性保护条例》

第三十六条　在自然保护区擅自引入外来物种的，由保护区管理机构或者县级以上人民政府林业、农业、卫生等行政主管部门责令改正，没收物种资源和违法所得，并处5万元以上15万元以下罚款。

第三十七条　扩散、放生或者丢弃外来入侵物种的，由县级以上人民政府林业、农业行政主管部门按照各自职权责令改正，处2000元以上1万元以下罚款；造成损失的，依法承担赔偿责任；构成犯罪的，依法追究刑事责任。

小侦探，你觉得外来入侵物种的危害主要体现在哪些方面？

面对上述嫌疑人名录中的外来入侵物种，如果是你，你会选择放生吗？

面对违法行为，你敢于拿起法律的武器去战斗吗？

云南因何成为我国外来入侵物种的重灾区？

外来物种入侵是我国生态环境面临的严峻挑战。云南之所以成为我国外来入侵物种最多的省份，主要有以下三大原因：

- 气候、地形复杂，为不同生境需求的动植物提供了多样的生态环境。
- 边境线长达 4060 千米，便于物种跨境。
- 对外交流、旅游、进出口贸易频繁让物种有条件“搭便车”。

调查活动

外来入侵物种的危害

加拿大一枝黄花严重消耗土壤肥力，侵略其他植物的生存空间，同时还会产生有害物质影响周围植物的生长，造成大量本地植物灭绝，破坏生态平衡，并且其花期长、花粉量大，还可导致花粉过敏症。

鳄雀鳝祖籍在北美洲，是一种巨型淡水鱼类，属于一种远古生物，1亿多年前就已经存在。体长可达3米，体重可以长到上百斤，鱼身呈长筒形，跟鳄鱼一样嘴巴尖长，上下颚密布两排锋利的牙齿。鳄雀鳝主要以水中的鱼类为食，还有水鸭等其他动物，只要它能逮到的活物都吃，且食量非常巨大，成年的鳄雀鳝一天可以吃掉几十斤的淡水鱼，饿急了或者被激怒时还会攻击人类，是一种危害极大又很危险的淡水杀手。

调查活动

外来物种入侵知多少

你居住的区域存在外来物种入侵的情况吗？科学采样和口头访谈的科学调查方法可以帮助我们了解区域内是否存在放生行为，从而了解外来物种入侵的三大途径。

下图是一份可供参考的调查思路图。你可以根据自己想知道的问题设计一份属于你自己的调查思路图，并根据此图做你自己的调查。

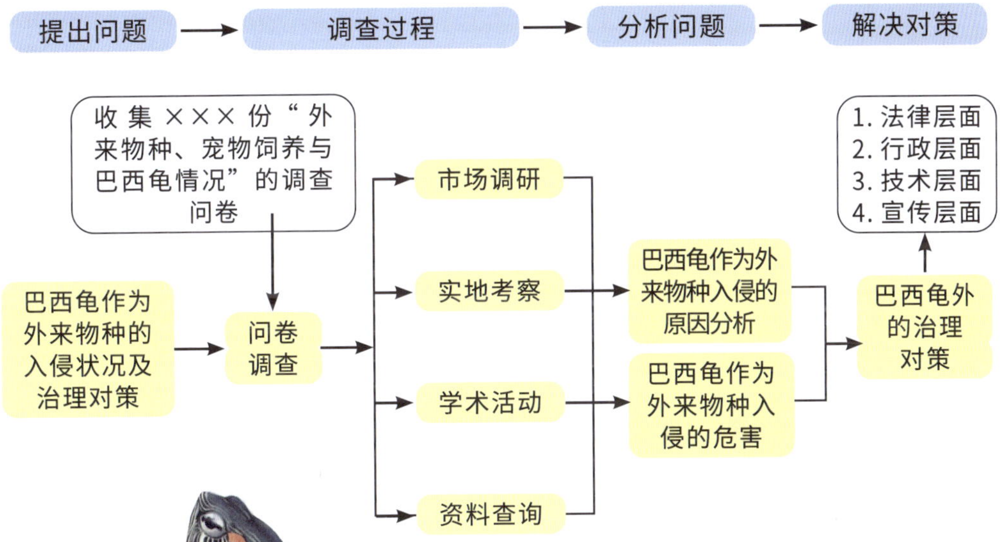

实践活动

外来入侵物种名单中的巴西龟、水葫芦等生物是大家所熟悉的物种。通过绘制一张海报的形式，帮助你身边的人了解容易忽略的外来入侵物种，利用你所学的知识呼吁大家重视外来入侵物种对环境造成的危害。

画一画你身边的外来入侵物种：

思维拓展 解决外来入侵物种的办法

外来入侵物种已经成为生物多样性丧失的第二大原因，然而还有很多物种令全球科学家也头疼不已。

外来物种入侵调查表	
当地存在哪些外来物种入侵情况	□植物 □动物 □微生物
当地外来物种入侵的途径	□自然 □有意引进 □人类活动 □交通运输 □其他补充

草地贪夜蛾被联合国粮农组织列为全球十大预警害虫之一。2018 年 12 月底，草地贪夜蛾的“先遣部队”来到中国云南省探查，2019 年便在全国至少 26 个省份为害，导致玉米减产。一场针对“幺蛾子”的没有硝烟的“虫口夺粮”大战在中华大地展开。

请基于草地贪夜蛾的案例，查阅资料制定应对外来入侵物种的手段和方法。

收获成长

你觉得自己的表现可以得几颗星？用你喜欢的颜色涂一涂小星星吧！

任务	可以得几颗星
认识生活中常见的外来入侵物种	☆☆☆☆☆
了解外来入侵物种对当地环境产生的危害	☆☆☆☆☆
知道遇到外来入侵物种应该如何处理	☆☆☆☆☆
不会随意放生动物以免造成外来物种入侵	☆☆☆☆☆

第五课

滇池湿地生态探秘

滇池的自然生态环境经历了怎样的演变？昆明人民见证过物产丰饶的滇池、滇池曾经有过哪些生物。我们可以通过博物馆研学的探究实践，去探访印刻在馆藏中的时光。

滇池是镶嵌在昆明的一颗宝石，要拿出咬定青山不放松的劲头，按照山水林田湖草是一个生命共同体的理念，加强综合治理、系统治理、源头治理，再接再厉，把滇池治理工作做得更好。

——习近平

滇池周边湿地调查：调查由于生态环境被破坏，滇池流域内有哪些水生生物消失了。

滇池流域消失的物种

水生植物	
水生动物	

生物的消失会给生态环境造成什么危害？

湿地系统，作为地球的三大生态系统之一，仅占陆地面积的6%，却滋养了20%的地球生命。近年来，关于湿地保护的话题逐渐受到人们的关注。那么，我们究竟应该如何保护湿地才能让湿地环境变得更好呢？什么样的环境（湿地环境）才能吸引更多的生物前往？湿地对于地球又有着怎样重要的意义？

基于这样的现实问题，我们将在本课中深入湿地，通过科学实验了解湿地的各项功能。我们在湿地探究的过程中，要学会使用科学工具和方法对湿地的生物进行探索，一同去发现这些生物的独特生存智慧，最后通过自己的亲身经历、现实学习、科学方法，对湿地保护有所了解，有所思考，并通过自己的行动去保护野生动物、保护自然环境。

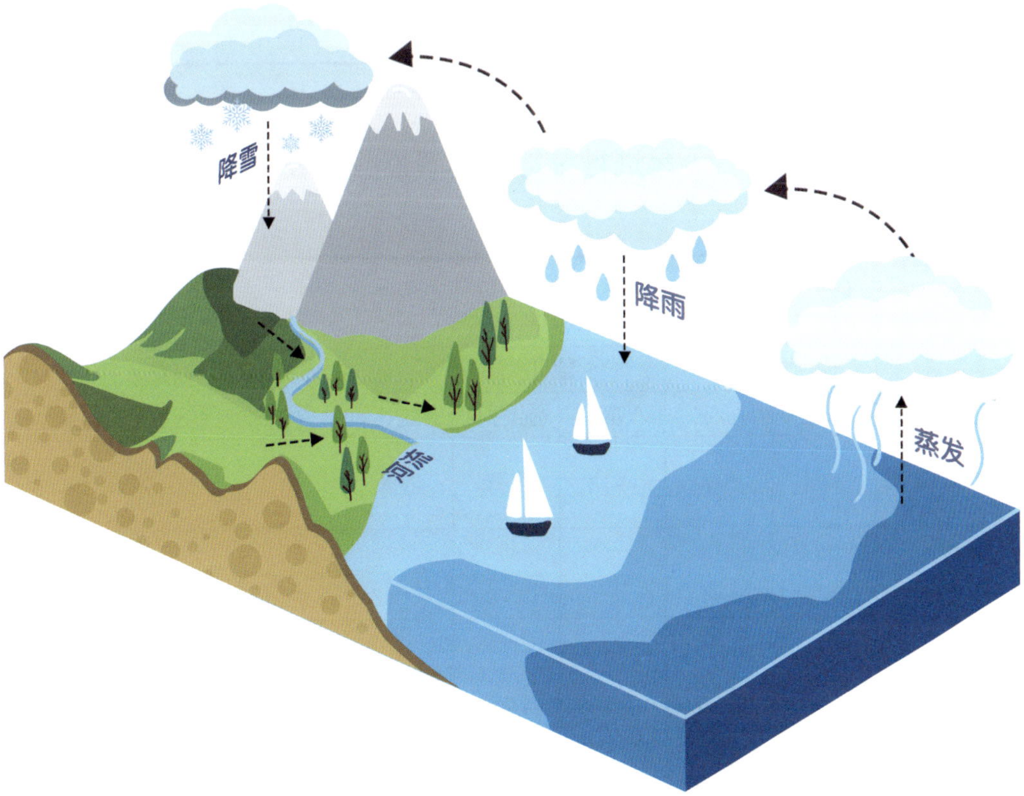

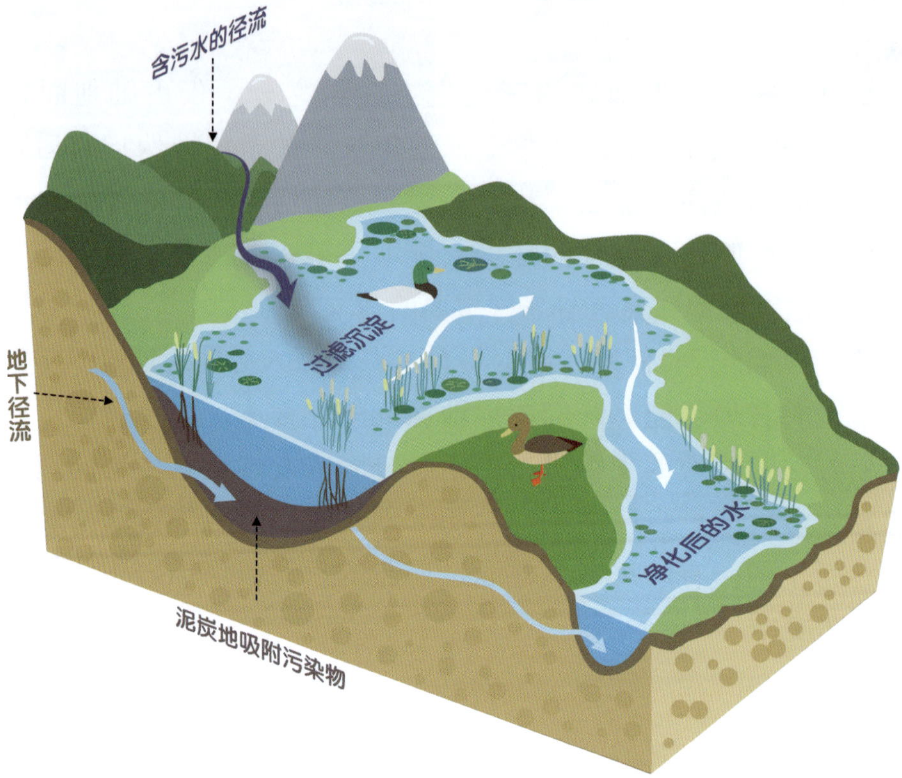

一起进行湿地环境调查并填表：

湿地名称	湿地植物分布		湿地水质状态			湿地动物数 / 种		
	水生	陆生	入水口	湿地中	出水口	鸟类	昆虫	兽类
×× 湿地	30%	70%	浑浊	淡绿	清澈	30	15	2

一起进行湿地水质记录：

<table>
<tr><th>入水口</th><th>湿地中</th><th>出水口</th></tr>
<tr><td></td><td></td><td></td></tr>
<tr><td colspan="3">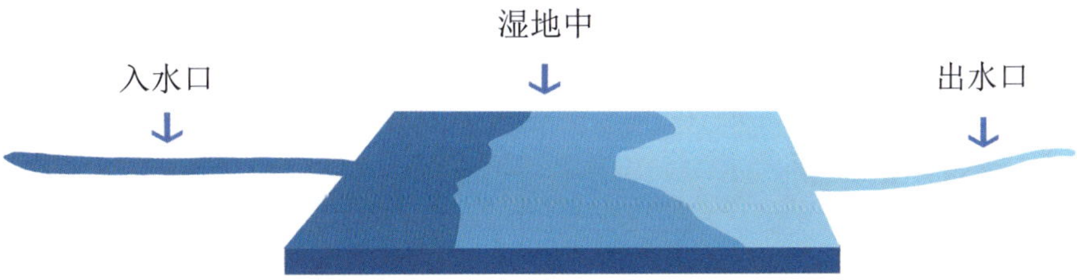
</td></tr>
<tr><td>描述：入水口采集水样
30 毫升

状态：浑浊

颜色：灰白色</td><td>描述：

状态：

颜色：</td><td>描述：

状态：

颜色：</td></tr>
</table>

一起进行湿地植物记录：

形态记录

根：记录时并未观察到。

茎：圆柱形，光滑没有绒毛和刺。

叶：椭圆形，7 厘米左右，摸起来比较光滑，有明显的叶脉，还有叶柄。

花：有 5 个花瓣，每个 6~10 厘米，有玫瑰红色或淡红、淡黄等色，中间的花蕊是黄色的，花瓣上有绒毛。

果：记录时该植物并未结果。

画一画

植物名称：朱瑾　　　　生活海拔：1800 米

记录地点：昆明植物园　　　　天气情况：晴

一起进行湿地动物记录：

物种名：黑水鸡

记录时间：2020 年 12 月 15 日 11:25

记录地点：南滇池湿地

出现位置：湿地水塘边

数量：6 只

天气情况：晴

形态记录

大小：30~38 厘米

头部：灰黑色，前额有红色的额甲

嘴（喙、口器）：嘴红色，嘴尖淡黄色

腹 + 肋：腹部灰黑色，两肋具宽阔的白色条纹

背（羽）：上背灰黑色，下背及两翅覆羽暗橄榄褐色

腿 + 爪：在水下无法观察

科普空间

湿地生态系统

湿地生态系统属于水域生态系统，是陆地与水域之间的过渡地带，同时具有丰富的陆生和水生动植物资源，被誉为“地球之肾”。

云南四大名鱼

滇池金线鲃、弓鱼、鳙浪鱼、裂腹鱼。

翠湖与滇池

翠湖曾是滇池中的一个湖湾，后来因水位下降而成为一汪清湖。

收获成长

你觉得自己的表现可以得几颗星？用你喜欢的颜色涂一涂小星星吧！

任务	可以得几颗星
了解生物多样性对环境稳定性的意义	☆☆☆☆☆
可以用科学的方法对动植物进行分类	☆☆☆☆☆
了解湿地对维持环境稳定和给人类提供物质的价值	☆☆☆☆☆
了解生物多样性和生态系统多样性	☆☆☆☆☆

第三单元

小设计师：
如何打造多样的建筑

第一课

云南多样的植物建筑材料

植物是人类生活中不可缺少的自然资源。古人很早就对植物材料的特征、分类有了认识和选择，植物在古代建筑中的应用，就是古人围绕衣食住行开展的技术在“住”中的体现。

草、竹、木是在住宅上应用最广泛的三种植物材料。

1 以草为主要材料的建筑

云南地区的悬草山顶草房以傈僳族及独龙族的建筑最为典型。这种建筑以草作为主要材料，草的茎秆细软柔顺，人字形屋顶，非常有利于排水。

2 以竹为主要材料的建筑

云南地区的竹楼以傣族及景颇族的建筑最为典型。这种建筑以竹子作为主要材料，竹子中空的结构非常利于通风透气。如此建筑特点也对应了这两个少数民族聚居地区炎热且湿润的气候环境。

3 以木为主要材料的建筑

云南地区的木楞房以纳西族的建筑最为典型。这种建筑以木头为主要材料，木头质地坚硬且密度较大，在纳西族聚居的高海拔地区有着非常良好的防风防寒作用。

草、竹、木各有哪些优点可以利用在建筑中?

收获成长

你觉得自己的表现可以得几颗星?用你喜欢的颜色涂一涂小星星吧!

任务	可以得几颗星
观察身边的植物建筑材料	☆☆☆☆☆
认识云南常见植物建筑材料的特点	☆☆☆☆☆

第二课

在树上建“家”

1 建前调查

鸟类（林鸟）需要立体（水域、草地、灌丛、树木）的生态环境，校园中的园林化设计，生态环境不够立体，虽然有很多适应城市生活的鸟类（例如麻雀、黄臀鹎、喜鹊等）会来校园中做客，然而若想要吸引更多的鸟类来校园，我们还需要在校园给鸟类创造一个它们喜欢的环境。

鸟类环境观察记录：

校园区域	鸟类数量	鸟种类	常活动的环境
操场花台	30 只 / 天	3 种	灌木丛

鸟类观察站建设记录：

建设区域	建设内容记录					
	水池 + 流水	草地	灌木丛	树木	停歇处	饲补区域
操场花台	无	有	有	有	有	花台灌木丛

鸟类观察站饲补记录：

负责班级	饲补日期	饲补量	饲补观察记录	
			鸟类数量	鸟种类
× 年级 × 班	年　月　日	1 包小米	20 只	2 种

鸟类观察站监测记录：

监测日期	监测时间		鸟类多样性变化			
	上午	下午	鸟类数量	同期对比	鸟种类	同期对比
年　月　日	10:00	16:00	10 只	上涨	3 种	下降

探秘任务

- 为何要建立鸟类观测站?
- 鸟类观测站建立前后校园的鸟类多样性有什么变化?
- 校园中还有什么环境适合建立鸟类观测站?

我们已经通过探秘任务发现很多野生动物邻居并不怕人，只要栖息地合适就会与人相伴。

如何让部分喜欢琅琅读书声的鸟儿在校园中驻足做客呢？

2 建设开始

如何模拟自然开展建设，让鸟儿在你身边落户安家？

鸟类中有很多次级洞巢鸟，它们跟啄木鸟等可以自行打洞的鸟类不同，它们需要在自然环境中寻找天然的树洞进行筑巢。

然而，在我们的园林环境中，天然的树洞是很难找到的，那么我们应该如何帮助这些鸟类呢？

尝试在校园中搭建一个人工巢箱，若有条件，安装一个摄像头便可不打搅地记录下鸟类邻居们的有趣生活场景了。

同学们，让我们开始人工巢箱的制作，并记录好制作和安放的过程。

巢箱制作：

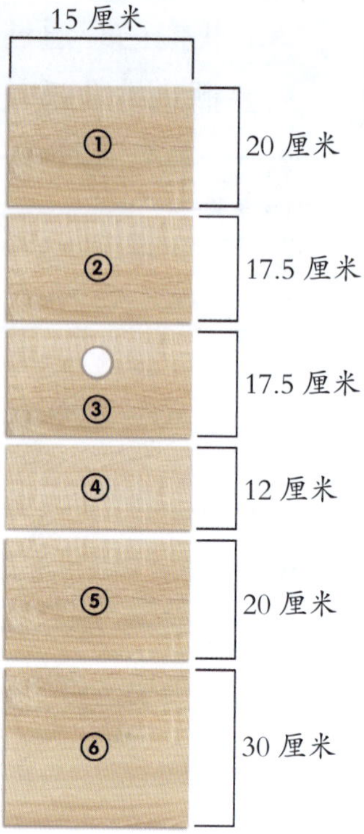

洞口的选择和悬挂高度：

鸟种	悬挂高度 / 米	洞口大小 / 厘米
丝光椋鸟	2~3	4.7~5
大山雀	1~5	3~4.5
山麻雀	>2	2~3

洞口朝向及悬挂间隔：

洞口需隐蔽

便于观察

每个巢箱间隔 10 米

巢箱检测记录：

巢箱编号	巢箱状态			鸟类状态		
	使用	未使用	无法观察	交配	繁殖	离巢
01	✓				✓	
02		✓		–	–	–

除了纸质记录以外，我们的科学家还开发了最新的观察记录软件，同学们在手机上就可以完成记录哦。让我们一起来看看吧。

探秘任务

和云小境一起完成课后探秘任务特辑：

- 鸟巢是鸟类睡觉的地方吗？
- 使用巢箱的除了鸟类还有什么？
- 学校巢箱的使用率是多少？
- 为何有空置巢箱？能做出哪些改变以减少空置率？

收获成长

你觉得自己的表现可以得几颗星？用你喜欢的颜色涂一涂小星星吧！

任务	可以得几颗星
认识校园中鸟类活动最频繁的区域	☆☆☆☆☆
识别城市中 5 种常见的次级洞巢鸟	☆☆☆☆☆
搭建巢箱，观察巢箱在鸟类繁殖季的作用	☆☆☆☆☆

第三课

构建校园生态乐园

一个灌木丛中有植物，就会有虫子、爬行动物等，有虫子就会吸引鸟类或者其他动物，动物的代谢物可以为微生物提供发展空间，微生物的代谢又可以为植物提供养分……这便是一个简单的循环。

灌木丛驿站就是一个微缩但完善的自然生态环境，随时在发生着循环的代谢并且整个体系不断生长。当然，实际情况下的灌木丛驿站会比这个例子复杂很多。

让我们开始灌木丛驿站的搭建，并记录好制作的过程。

独立的灌木丛驿站的建造方法十分简单：在校园内，把石块、树枝堆在一起，并用掺有本土植物种子的土壤进行填充，同时在堆内种植蔷薇等多刺、蔓生的保护性植物，但要注意植物的根和主干要受到树枝和石块、多刺藤蔓的保护。

灌木丛驿站检测记录：

灌木丛驿站编号	生物量	生物种类	是否需要修缮
01	50	6	否

探秘任务

一起完成课后探秘任务：

- 为何灌木丛驿站可以吸引生物前往？
- 灌木丛驿站吸引的主要生物是什么？
- 灌木丛驿站还有其他可以运用的地方吗？

收获成长

你觉得自己的表现可以得几颗星？用你喜欢的颜色涂一涂小星星吧！

任务	可以得几颗星
认识灌木丛驿站并了解其用途	☆☆☆☆☆
观察灌木丛驿站建设后 生态环境及生物量的变化	☆☆☆☆☆

第四单元

小美食家：餐桌上的生物多样性

第一课

舌尖上的生物多样性

15 世纪初至 18 世纪，在各种因素的推动下，欧洲人开始了大规模的航海探险。西方出现了哥伦布、麦哲伦这样的航海家，可是西方的航海家在出海后发现：许多船员在船上会患上败血症，导致出现大批患者因此病而致死的现象。这种疾病让船员们恐慌不已。后来经过研究发现，败血症是因为缺乏维生素 C，导致免疫力下降从而引发的病症。1753 年，苏格兰军医詹姆斯·林德发现，这种病是可以治愈的，只要吃橙子和柠檬等柑橘类水果便可以很好地预防。

食物是生物多样性为人类提供的最重要的物质基础，人类从食物中获取营养与能量。

云南素来享有“植物王国”和“动物王国”的盛名，具有丰富的物种资源。这从云南人的饮食中就可窥见一二。同时，云南是我国民族人口最多的省份，在饮食上更加呈现出极大的民族特色食物多样性。中药材、野草、野花、昆虫菜肴、野生菌等，还有各种地域特色的植物调味料，我们可以通过云南各族人民的餐桌来感受一下云南的生物多样性。

1 餐桌上的食物多样性

金耳

软鳍新光唇鱼

树番茄

舌尖上的生物多样性

生态类型多样性的重要性

根据研究表明，食物来自单一生态类型，会使人摄取营养不均衡。全球至少有 10 亿人虽然可以吃饱，但由于营养不均衡而存在各种健康问题。

物种多样性的重要性

食物的组成缺乏了动物、植物、微生物的任何一个类群都会影响健康。

遗传多样性的重要性

所有的食物若只来自同一品种，在不可控的自然环境下人类很有可能面临巨大的粮食危机。

你知道餐桌上的食物来自哪些生物吗？
餐桌上不同的食物能为我们提供哪些不同的营养？

2 合理膳食

动植物食物中都富含人体所需的营养，但是人的身体对不同的营养成分有着不同的需求，如何科学合理膳食，获得全面、均衡的营养，是我们应该建立的健康饮食观念。

具有云南特色的膳食宝塔

盐	<5 克
油	25~30 克
奶及奶制品	300~500 克
大豆及坚果类	25~35 克
动物性食物	12~200 克
每周至少 2 次水产品	
每天 1 个鸡蛋	
蔬菜类	300~500 克
水果类	200~350 克
谷类	200~300 克
全谷物和杂豆	50~150 克
薯类	50~100 克
水	1500~1700 毫升

你从上面的膳食宝塔中获得了哪些信息？

云南特色的昆虫宴和野生菌宴分别对应膳食宝塔哪个类别食物？能为我们的身体提供什么营养？

3 少数民族饮食健康

云南少数民族人口众多，饮食风味也各具特色。尤其在以西双版纳为中心的滇西南旅游区，以腾冲、瑞丽边境城市为中心的滇西旅游区，以大理、丽江、香格里拉为中心的滇西北旅游区，形成了典型的滇菜区，且每个民族都有各自的餐饮习俗。

探秘任务

一起完成课后探秘任务：餐桌上的分类学。

- 菜市场中的动物、植物、微生物都有哪些？
- 你食用的是它们的哪些部位？
- 找出带“姓氏”的食物，去了解它们的来源。

品名	类群	食用部位	原产地
大白菜	蔬菜	叶	中国
萝卜			
土豆			
胡萝卜			
韭菜			
西瓜			
芭蕉花			
海菜花			
滇池金线鲃			
罗非鱼			
鸡			
小龙虾			

收获成长

你觉得自己的表现可以得几颗星？用你喜欢的颜色涂一涂小星星吧！

任务	可以得几颗星
在菜市场识别 10 种以上的食物及它们的分类	☆☆☆☆☆
认识菌和植物的区别	☆☆☆☆☆
了解 10 种常见食物的原产地	☆☆☆☆☆

第二课

餐桌上的生物多样性会引发粮食安全吗?

资源的过度利用、贪吃野味已经成为各种动植物濒危的两大诱因，除了传统认知的环境污染、气候变化、过度捕捞等，我们的餐桌还将面临哪些安全挑战?

- 粮食自主选育品种种植面积占到 95% 以上。
- 畜禽、水产的核心种源自给率达 75%、85%。
- 大豆、玉米单产水平不到发达国家的 60%。
- 蔬菜国外品种种植面积占比达 13%。
- 耐储的番茄、甜椒等少数专用品种进口超 50%。
- 生猪繁殖的效率、饲料转化率和奶牛年产奶量都只有国际先进水平的 80%。
- “进口种子按颗买，国产种子按斤卖”的现象。
- 珍稀濒危的种质资源消失风险。

1 国之重器——种质资源库

中国西南野生生物种质资源库是全球第二、亚洲最大的野生生物种质资源库，聚焦国家生态文明建设和生物多样性保护开展收集、整理、保藏、评价和利用工作。从荒漠戈壁到热带雨林，从世界屋脊到峡谷平原，采集员的足迹遍布全国，采集和保存珍稀濒危和有重要经济价值、生态价值、科学研究价值的植物种子、野生/家养动物种质等。

中国西南野生生物种质资源库依托中国科学院昆明植物所建设运行，中国科学院昆明动物所和云南大学共建运行，是云南省首个国家重大科技基础设施（“大科学设施”），是实至名归的“国之重器”。

2 野生食用菌原生境保护培育的理念

云南大型真菌多样性丰富，野生食用菌资源数量、产量、产值居全国第一，享有“野生菌王国”的美誉。云南分布的野生食用菌有 882 种，占世界已知约 2000 种的 44.1%，中国已知 966 种的 96.1%。世界四大名菌松茸、牛肝菌、块菌、鸡油菌，在云南均有分布，且资源量巨大。在众多美味的野生食用菌中，松茸味道极其鲜美，具有较高的营养价值和药用价值，在国际上享有“天然营养宝库”的美誉，是一种珍稀的名贵野生食药兼用菌，被称为“菌中之王”。2023 年 3 月 17 日，GB/T 23188—2023《松茸》国家标准发布，该标准将于 2023 年 10 月 1 日起正式实施，为指导我国松茸产业健康发展提供了依据，能有效提升我国松茸相关产品的质量控制水平，规范松茸相关产品市场，对促进我国松茸产业的发展具有重要意义，同时也彰显了云南省在推进我国食用菌标准化工作中的重要地位。

3 食用昆虫

昆虫因其营养价值高、食物转化率高且温室气体排放量少等优点，受到联合国粮食及农业组织的推崇，但其生产和消费数量远不能匹敌传统畜禽，需要逐步解决其利用问题。全球有 49 个国家食用 60 多种蟋蟀，蟋蟀是优质的蛋白质来源，粗蛋白质含量超过 58%，拥有理想的氨基酸配比，适口性好且易于立体饲养，受到世界各国的青睐。中国林业科学研究院高原林业研究所推动蟋蟀食用，助力粮食安全，在 2016 年后系统开展蟋蟀的物种筛选、人工培育、加工及食品开发等工作。

可持续的农业为野生动物保护提供了可能，粮食畜牧业的生产对于减少生物多样性的丧失作出了重大贡献，有效减少了对野生鸟类、兽类、鱼类的捕杀。

科普空间

食物营养成分：

食物中的营养成分通常分为糖类、蛋白质、脂肪、维生素、无机盐和水。

延展思考

查一查：

2021 年有这样一则新闻，因开发不足、生长周期长、出肉率低，云南本土小麻鸭濒危了。这是为什么？

做一做：

回顾语文书中的《千人糕》，积极参与到家庭的一年四季劳动中。

想一想：

种植食物并将其送到餐桌上需要水、能源和土地，包括拥有数百万物种的森林和草原。

导致气候变化的所有人为温室气体中约有 10% 与食物浪费有关。

行动派：

➢ 不只买你与家人常吃的食物。

➢ 保护乡土物种。

➢ 减少食物浪费。

➢ 减少碳排放。

收获成长

你觉得自己的表现可以得几颗星？用你喜欢的颜色涂一涂小星星吧！

任务	可以得几颗星
认识种质资源库在生物多样性中的意义	☆☆☆☆☆
尝试食用高蛋白含量的昆虫	☆☆☆☆☆
认识食物中的各种营养成分	☆☆☆☆☆

第三课

如何让滇池中的“老古董”们重回餐桌?

云南昆明的滇池是我国第六大淡水湖、云南省最大的淡水湖，我国长江上游生态安全格局的重要组成部分，对昆明经济社会发展和宜人气候的形成起着关键作用。

自古以来，滇池深深影响着云南政治、文化与经济的发展。新石器时代，滇池地区的居民环湖而居，捕鱼为食，留下了研究内容最为丰富的“贝丘遗址”。

元代白族诗人王昇就曾在《滇池赋》中写道：“千艘蚁聚于云津，万舶蜂屯于城垠，致川陆之百物，富昆明之众民。”描绘了当时昆明城东南云津码头的繁盛景象。

大观楼的长联堪称“古今天下第一联”，开篇便描述道“五百里滇池，奔来眼底。披襟岸帻，喜茫茫空阔无边……四围香稻，万顷晴沙……”清人孙髯翁脍炙人口的长联，仍挂在滇池边大观楼的楹柱上，让游客们对美丽的滇池浮想联翩。

知识链接

滇池金线鲃的回归之路

滇池被称为“高原明珠”，曾以丰富的淡水资源和生物资源养育了一代又一代昆明人，有据可考的滇中文化史已有2400多年。滇池的污染加重是自然原因和人为原因双重作用造成的。滇池位于昆明城区的下游，是昆明城区的最低地带，从而不幸成为工业废水和城市生活污水的排放地，不断累积的污染曾一度让这颗高原明珠黯然失色。滇池污染在世纪之交达到顶峰，蓝藻暴发后绿油漆般的滇池水，让曾经的许多滇池风物留在了文献或记忆里。

曾被徐霞客称为滇池珍味的滇池金线鲃位居“云南四大名鱼”之首，被称为“滇池古董”：早在300多万年前滇池形成时，它就存活于此。

滇池金线鲃全身淡黄色，背部略带青灰色，头背及侧线以上有不规则黑斑点，鱼鳍灰黑或灰白，略带金黄色，是一种仅分布在云南滇池流域的土著鱼类。

然而，随着生存环境遭到破坏，滇池金线鲃曾从湖体消失。

20 世纪 60 年代前后，由于围湖造田等原因，滇池金线鲃的数量急剧减少。

到 20 世纪 80 年代，滇池金线鲃几乎在滇池绝迹，仅存于部分入湖溪流及龙潭之中。

金线鲃消失的原因是综合性的，主要原因是生存、产卵环境的巨变，还有竞争不过外来物种、滥捕和水体污染等原因。

1989 年，滇池金线鲃被列为国家二级保护动物，在《中国濒危动物红皮书·鱼类》中被列为濒危等级，2008 年还被《世界自然保护联盟濒危物种红色名录》评为极度濒危物种。

从 2000 年起，中国科学院昆明动物研究所开始对流域内滇池金线鲃的数量、分布、栖息地、摄食生态及繁殖生态等进行广泛研究。经过多年的努力，昆明动物研究所等单位成功实现滇池金线鲃的人工繁殖并完成大规模放流，2009 年至 2022 年，已有数百万尾滇池金线鲃鱼苗投放到滇池流域。

这一滇池特有的“旗舰物种”从濒危到恢复，凝聚着众多科学研究者的努力，是滇池生物多样性保护的里程碑。

随着近年来人工繁育技术的突破，以及增殖放流活动的持续开展，从国家二级保护动物，到目前千万尾级的人工繁育能力，给当前的湖泊生态环境治理修复以启迪。

收获成长

你觉得自己的表现可以得几颗星？用你喜欢的颜色涂一涂小星星吧！

任务	可以得几颗星
认识到了滇池中有很多的原生鱼类	☆☆☆☆☆
认识滇池金线鲃，并知道科学家们为了救助它们所付出的努力	☆☆☆☆☆
通过学习，意识到生态修复工作的重要性	☆☆☆☆☆

第五单元

生物多样性保护

明日合伙人

第一课

COP15 后时代的行动派

“昆明—蒙特利尔全球生物多样性框架”

联合国《生物多样性公约》第十五次缔约方大会（COP15）通过的“昆明—蒙特利尔全球生物多样性框架”指出：

- 生物多样性，是人与自然和地球母亲和谐相处的方式。
- 生物多样性支持着地球上的所有生命体系。
- 全球生产总值（GDP）的一半以上依赖于生物多样性和健康的生态系统。
- 我们的吃、喝、玩、乐、健康和文化灵感均来源于生物多样性。

然而，仅由联合国的各机构及科学家提出的 2020 年前全球生物多样性框架中大部分的目标均未实现，是因为缺乏与每一个人的连接。

在此，我们期待一起携手成为明日合伙人。

第二课

关爱生态文明的未来职业规划

同学们，你们对未来的职业有哪些规划？你想从事哪些职业呢？若大家从事以下职业，成为生物多样性的明日合伙人，可以这样做：

·01· 科学家

研究和解析生物多样性相关的知识与科技以及生物多样性的价值、功能、状况与趋势，预测分析生物多样性丧失的后果等，利用创新技术和方法去保护生物多样性。

·02· 城市规划师

规划部署更多绿色基础设施，以改善市民的健康和生活质量，并减少城市和基础设施对环境的不良影响。

·03· 建筑设计师

设计和建设鸟类友好型建筑方便鸟类等动物安家，在动物活动区域减少大面积玻璃的使用，在光滑、反光建筑上设计带反射图案的标识。

·04· 园林设计师

设计城市绿道、公园、绿化带时做好外来入侵物种的评估，尽量多使用乡土物种，留有昆虫野花带、季节性旱溪、平缓小斜坡、碎石枯枝堆等利于城市动物生存的“安居家园”。

·05· 能源设计师

采用以自然为基础的解决方案，降低化石燃料的使用，利用清洁、高效的能源以减少对环境污染、气候变化的影响。

·06·
教育工作者

通过不同的学科激发生物多样性的探究式学习，引导学习生物多样性资源可影响一个国家未来的发展，基于自然的科技创造能影响一个国家的命脉。面向未来培养更多热爱自然的学生，通过热爱自然的力量，让人类拥有更多选择权和主动权。

·07·
企业家

严守环保底线，不违规排污、排废，坚守企业责任与担当，落实生态恢复、生态补偿等社会责任。

·08·
新时代农夫

保留本土良种资源，减少农药、化肥、杀虫剂的使用，不成为“寂静的春天”的帮凶；利用轮作、套作、间作、天敌防控等进行田间管理，让生物多样性为天然、有机、健康的生物产品赋能，提供更健康、更有风味的食品。

·09·
医生

合理使用药物，严格控制抗生素的使用量，合规收集医疗废弃物，严格控制传染源。

·10·
数据工程师

使用 AI 智能识别、数据可视化、数据自动分析等大数据分析、数据密集型科学发现技术助力生物多样性监测、研究、分析、预测。

·11·
遥感工程师

利用遥感技术对森林、昆虫、鸟类等开展监测、预测研究。

·12·
气象工作者

利用气候变化、天气预测、预报等为生物的演化、行为等提供数据。

·13·
媒体工作者

利用电视、广播、网站、App 等融媒体进行生物多样性内容创作，以“UP 主”、科普主播、媒体人等身份将生物多样性内容进行主流化推广。

·14·
艺术家

以生物多样性、民族多样性为创作源泉丰富文学、音乐、摄影、舞蹈、戏剧、绘画、雕塑、动画、行为艺术等创作，让生物多样性之美在艺术领域百花齐放。

你还有哪些职业规划？如警察、航天员、研学导师、诗人……

保护生物多样性，我们一起行动

保护生物多样性，我们每个人都肩负着义不容辞的责任，你将来希望从事什么职业？从事这个职业的你能为保护生物多样性做到哪些力所能及的事？撰写一篇想象作文，阐述你对生物多样性保护的职业自画像。

收获成长

你觉得自己的表现可以得几颗星？用你喜欢的颜色涂一涂小星星吧！

任务	可以得几颗星
了解各行业在生物多样性保护中的作用	☆☆☆☆☆
对自己未来的职业方向有了规划	☆☆☆☆☆

第三课

合伙人的收获成长

发挥你的想象：如果每个职业都有生物多样性保护合伙人，如果每个人都与生物多样性保护有关，那么，我们的家园会是怎样的？将你的想法或写或画在下面的方框中吧！

活动一 自然界培养审美

和家人、同学一起到大自然中细心感受植物的线条、动物的姿态、空气的清新、声音的和谐……生物真的是大自然的精灵！如果你有魔法，你会将谁赋予人形？它会长什么样？动手为你感兴趣的生物做人像设计吧！

活动二 农田间学习劳作

利用周末或寒暑假，去到田间地头，向农户了解种植作物的过程，关注种植过程中会出现的问题以及解决办法，并亲自动手劳作。将学习过程和收获记录下来，既可以是图画、文字，也可以是照片、视频。让我们选一选班级中的“劳动小能手”吧！

活动三 家庭中形成美德

“一粥一饭，当思来之不易；半丝半缕，恒念物力维艰。”这句话出自《朱子家训》，意思是说：每一点衣食都来之不易，应当经常想到物力的艰难而加以珍惜。

其实，当食物被浪费时，会伴随着气候变化以及其他资源被丢弃。怎么会有这样的关联呢？回顾所学知识，向家人说说其中的原因。然后端端正正地将这句话抄写下来，贴在家中的饭厅，提醒家人：厉行节约，反对浪费。

科普空间

物种保护措施

就地保护、迁地保护、离体保存是对珍稀濒危物种、极小种群物种实施的抢救性保护。

迁地保护网络

植物园、树木园、繁育中心、野生动物驯养基地、种质资源库、动物细胞库、畜禽基因库等。

离体保存

利用现代技术，尤其是低温、超低温冷冻技术，将生物体的一部分，包括种子、胚或者胚胎、组织、细胞、脱氧核糖核酸（DNA）等进行长期储存，以保存物种的种质遗传资源。

极小种群物种

极小种群物种是指分布地域狭窄或者呈间断分布，长期受到外界因素的胁迫干扰，呈现种群退化和数量持续减少，种群及个体数量都极少，已经低于稳定存活界限的最小生存种群，而随时濒临灭绝的野生动植物种类。

收获成长

你觉得自己的表现可以得几颗星？用你喜欢的颜色涂一涂小星星吧！

任务	可以得几颗星
了解自己的家乡在保护生物多样性方面取得的成就	☆☆☆☆☆
知道保护生物多样性是每个人应尽的责任	☆☆☆☆☆
对保护生物多样性我能做力所能及的贡献	☆☆☆☆☆
愿意致力于保护生物多样性而不断努力	☆☆☆☆☆